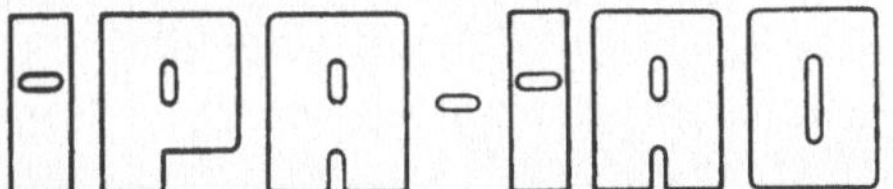

Forschung und Praxis

Band 94

Berichte aus dem
Fraunhofer-Institut für Produktionstechnik und Automatisierung (IPA), Stuttgart,
Fraunhofer-Institut für Arbeitswirtschaft und Organisation (IAO), Stuttgart, und
Institut für Industrielle Fertigung und Fabrikbetrieb der Universität Stuttgart

Herausgeber: H. J. Warnecke und H.-J. Bullinger

Günter Schad

Entwicklung und Einsatz eines interaktiven Verfahrens zur Leistungsabstimmung von Montagesystemen

Mit 31 Abbildungen und 1 Tabelle

Springer-Verlag
Berlin Heidelberg New York Tokyo 1986

Dipl.-Ing., M.S./Univ. of Florida Günter Schad

Fraunhofer-Institut für Arbeitswirtschaft und Organisation (IAO), Stuttgart

Dr.-Ing. H. J. Warnecke

o. Professor an der Universität Stuttgart
Fraunhofer-Institut für Produktionstechnik und Automatisierung (IPA), Stuttgart

Dr.-Ing. habil. H.-J. Bullinger

o. Professor an der Universität Stuttgart
Fraunhofer-Institut für Arbeitswirtschaft und Organisation (IAO), Stuttgart

D 93

ISBN-13 : 978-3-540-16978-9 e-ISBN-13 : 978-3-642-82886-7
DOI : 10.1007 / 978-3-642-82886-7

Gesamtherstellung: Copydruck GmbH, Heimsheim
2362/3020–543210

Geleitwort der Herausgeber

Futuristische Bilder werden heute entworfen:

- o Roboter bauen Roboter,
- o Breitbandinformationssysteme transferieren riesige Datenmengen in Sekunden um die ganze Welt.

Von der "menschenleeren Fabrik" wird da gesprochen und vom "papierlosen Büro". Wörtlich genommen muß man beides als Utopie bezeichnen, aber der Entwicklungstrend geht sicher zur "automatischen Fertigung" und zum "rechnerunterstützten Büro". Forschung bedarf der Perspektive, Forschung benötigt aber auch die Rückkopplung zur Praxis - insbesondere im Bereich der Produktionstechnik und der Arbeitswissenschaft.

Für eine Industriegesellschaft hat die Produktionstechnik eine Schlüsselstellung. Mechanisierung und Automatisierung haben es uns in den letzten Jahren erlaubt, die Produktivität unserer Wirtschaft ständig zu verbessern. In der Vergangenheit stand dabei die Leistungssteigerung einzelner Maschinen und Verfahren im Vordergrund. Heute wissen wir, daß wir das Zusammenspiel der verschiedenen Unternehmensbereiche stärker beachten müssen. In der Fertigung selbst konzipieren wir flexible Fertigungssysteme, die viele verkettete Einzelmaschinen beinhalten. Dort, wo es Produkt und Produktionsprogramm zulassen, denken wir intensiv über die Verknüpfung von Konstruktion, Arbeitsvorbereitung, Fertigung und Qualitätskontrolle nach. Rechnerunterstützte Informationssysteme helfen dabei und sollen zum CIM (Computer Integrated Manufacturing) führen und CAD (Computer Aided Design) und CAM (Computer Aided Manufacturing) vereinen. Auch die Büroarbeit wird neu durchdacht und mit Hilfe vernetzter Computersysteme teilweise automatisiert und mit den anderen Unternehmensfunktionen verbunden. Information ist zu einem Produktionsfaktor geworden, und die Art und Weise, wie man damit umgeht, wird mit über den Unternehmenserfolg entscheiden.

Der Erfolg in unseren Unternehmen hängt auch in der Zukunft entscheidend von den dort arbeitenden Menschen ab. Rationalisierung und Automatisierung müssen deshalb im Zusammenhang mit Fragen der Arbeitsgestaltung betrieben werden, unter Berücksichtigung der Bedürfnisse der Mitarbeiter und unter Beachtung der erforderlichen Qualifikationen. Investitionen in Maschinen und Anlagen müssen deshalb in der Produktion wie im Büro durch Investitionen in die Qualifikation der Mitarbeiter begleitet werden. Bereits im Planungsstadium müssen Technik, Organisation und Soziales integrativ betrachtet und mit gleichrangigen Gestaltungszielen belegt werden.

Von wissenschaftlicher Seite muß dieses Bemühen durch die Entwicklung von Methoden und Vorgehensweisen zur systematischen Analyse und Verbesserung des Systems Produktionsbetrieb einschließlich der erforderlichen Dienstleistungsfunktionen unterstützt werden. Die Ingenieure sind hier gefordert, in enger Zusammenarbeit mit anderen Disziplinen, z. B. der Informatik, der Wirtschaftswissenschaften und der Arbeitswissenschaft, Lösungen zu erarbeiten, die den veränderten Randbedingungen Rechnung tragen.

Beispielhaft sei hier an den großen Bereich der Informationsverarbeitung im Betrieb erinnert, der von der Angebotserstellung über Konstruktion und Arbeitsvorbereitung, bis hin zur Fertigungssteuerung und Qualitätskontrolle reicht. Beim Materialfluß geht es um die richtige Auswahl und den Einsatz von Fördermitteln sowie Anordnung und Ausstattung von Lagern. Große Aufmerksamkeit wird in nächster Zukunft auch der weiteren Automatisierung der Handhabung von Werkstücken und Werkzeugen sowie der Montage von Produkten geschenkt werden.

Von der Forschung muß in diesem Zusammenhang ein Beitrag zum Einsatz fortschrittlicher intelligenter Computersysteme erfolgen. Planungsprozesse müssen durch Softwaresysteme unterstützt und Arbeitsbedingungen wissenschaftlich analysiert und neu gestaltet werden.

Die von den Herausgebern geleiteten Institute, das

- Institut für Industrielle Fertigung und Fabrikbetrieb der Universität Stuttgart (IFF),

- Fraunhofer-Institut für Produktionstechnik und Automatisierung (IPA),

- Fraunhofer-Institut für Arbeitswirtschaft und Organisation (IAO)

arbeiten in grundlegender und angewandter Forschung intensiv an den oben aufgezeigten Entwicklungen mit. Die Ausstattung der Labors und die Qualifikation der Mitarbeiter haben bereits in der Vergangenheit zu Forschungsergebnissen geführt, die für die Praxis von großem Wert waren. Zur Umsetzung gewonnener Erkenntnisse wird die Schriftenreihe "IPA-IAO - Forschung und Praxis" herausgegeben. Der vorliegende Band setzt diese Reihe fort. Eine Übersicht über bisher erschienene Titel wird am Schluß dieses Buches gegeben.

Dem Verfasser sei für die geleistete Arbeit gedankt, dem Springer-Verlag für die Aufnahme dieser Schriftenreihe in seine Angebotspalette und der Druckerei für saubere und zügige Ausführung. Möge das Buch von der Fachwelt gut aufgenommen werden.

H. J. Warnecke · H.-J. Bullinger

Vorwort

Die vorliegende Dissertation entstand während meiner Tätigkeit als wissenschaftlicher Mitarbeiter der Abteilung Arbeitswirtschaft des Fraunhofer-Instituts für Produktionstechnik und Automatisierung IPA, bzw. später des Fraunhofer-Instituts für Arbeitswirtschaft und Organisation.

Herrn Professor Dr.-Ing. habil. H.-J. Bullinger, Leiter des Lehrstuhls für Arbeitswissenschaft an der Universität Stuttgart und Direktor des Fraunhofer-Instituts für Arbeitswirtschaft und Organisation (IAO), danke ich für die Unterstützung und Förderung der Arbeit.

Mein Dank gilt auch Herrn Professor DTech. h.c. Dipl.-Ing. K. Tuffentsammer für die eingehende Durchsicht der Arbeit und die sich daraus ergebenden Hinweise.

Bei der Umsetzung der Forschungsergebnisse in der betrieblichen Praxis, wurde ich in großzügiger Weise von den Firmen Dr.-Ing. h.c. F. Porsche AG, Stuttgart; KHD AG, Köln und der Claas OHG, Harsewinkel unterstützt. Mein Dank gilt dabei insbesondere den Herren Auwärter, Gröchtemeier, Weiß, Haug, Gluch, Brune und Bröcklin.

Darüber hinaus möchte ich allen Mitarbeitern des IAO danken, die mir durch kritische Hinweise stete Diskussionsbereitschaft sowie bei der programmtechnischen Realisierung geholfen haben. Dieser Dank gilt insbesondere Frau M. Reisinger und Herrn O. Bittel.

Abschließend ist es mir ein besonderes Anliegen, mich bei meiner Frau Karin und meinen Kindern Stefan und Bettina für die große Geduld zu bedanken, mit der sie die familiären Belastungen des Verfahrens auf sich nahmen.

Stuttgart, im Februar 1986

INHALTSVERZEICHNIS

Seite

Seite

0 VERWENDETE GRÖSSEN, DIMENSIONEN UND ABKÜRZUNGEN

AWF	Ausschuß für wirtschaftliche Fertigung
ALPACA	Leistungsabstimmungsverfahren von General Motors
AUSGAB	Ausgabemodul von INTAKT
bzw.	beziehungsweise
ca.	circa
CADAP	Leistungsabstimmungsverfahren von Hitachi
CALP	Leistungsabstimmungsverfahren vom Illinois Institute of Technology
COMSOAL	Leistungsabstimmungsverfahren von Arcus
DAAUF	Datenverwaltungsmodul von INTAKT
DFG	Deutsche Forschungsgemeinschaft
d.h.	das heißt
$E\{\}$	Erwartungswert des Ausdrucks $\{\}$
EDV	Elektronische Datenverarbeitung
FG	Kapitalfaktor für Gebäude
FS	Kapitalfaktor für Sonderbetriebsmittel
FU	Kapitalfaktor für Universalbetriebsmittel
ggf.	gegebenenfalls
GRAPH	Modul von INTAKT zur graphischen Ausgabe
HAIDER I	Leistungsabstimmungsverfahren von Haider
HAIDER II	Leistungsabstimmungsverfahren von Haider
HZ	Hohe Zonenzahlregel
INTAKT	Name des im Rahmen dieser Arbeit entwickelten Verfahrens
INTLA	Kernmodul von INTAKT

IPA/IAO		Fraunhofer-Institute für Produktionstechnik und Automatisierung und für Arbeitswirtschaft und Organisation
i		Laufvariable für Kapazitätsabgleich
IBM		International Business Machines
ISG	DM	arbeitssystembedingte Investitionssummen für Gebäude
ISM	DM	arbeitssystembedingte Investitionssummen für minderwertige Güter
ISS	DM	arbeitssystembedingte Investitionssummen für Sonderbetriebsmittel
ISU	DM	arbeitssystembedingte Investitionssummen für Universalbetriebsmittel
Kap.		Kapitel
KA	DM	Arbeitskosten
KAGU	DM	leistungsabstimmungsunabhängige Gehaltskosten
KASO	DM	sonstige Arbeitskosten
K'_{Dr}	DM	Kosten der Durchführung einer rechnergestützten Kapazitätsabstimmung
KF	DM	Fremdleistungskosten
$KFbr_1$	$\frac{DM}{min}$	Kostenfaktor für Lohnniveau 1
KFG_1	$\frac{DM}{min}$	Kostenfaktor für Gehaltsniveau 1
KFbr	$\frac{DM}{min}$	Kostenfaktoren für Löhne
KFR	$\frac{DM}{min}$	Kostenfaktor für Rechnerbenutzungszeit
KG	DM	Gebäudekosten
KK	DM	Kapitalkosten
KK'	DM	KK für interaktive Abstimmung
KKK_{si}	DM	kapitalabgleichsbedingte (si) Kapitalkosten
KKK'_{si}	DM	KKK_{si} für interaktive Abstimmung
KM	DM	Materialkosten
KMS	DM	sonstige, leistungsabstimmungsunabhängige Materialkosten
KO	DM	Kosten
KRG	DM	sonstige leistungsabstimmungsunabhängige Kosten (2. Zusammenfassung)
KRP	DM	sonstige leistungsabstimmungsunabhängige Kosten (1. Zusammenfassung)

KRS	DM	sonstige leistungsabstimmungsunabhängige Kosten der Montage
K'_{Vr}	DM	Kosten der Vorbereitung einer rechnergestützten Kapazitätsabstimmung
l		Laufvariable für Lohn- bzw. Gehaltsniveau
LG		Anzahl Gehaltsniveaus
LN		Anzahl Lohnniveaus
min		Minimum
ML		Modifizierte Rangwertregel mit Leerelementbevorzugung
M_{si}		Anzahl Mitarbeiter für Kapazitätseinplanung si
M^*_{si}		Anzahl Mitarbeiter für Kapazitätseinplanung si mit Zusatzinvestition
M_{sil}		Anzahl Mitarbeiter in Kapazitätsabgleich i in Lohnniveau l
MR		Modifizierte Rangwertregel
N	$\frac{\text{Stck}}{\text{Schicht}}$	Schichtstückzahl
NKA_s		Anzahl der Kapazitätsabgleiche für System s
N_{si}		Stückzahl für Arbeitssystem s und Leistungsabgleich i
NZ		Niedrige Zonenzahlregel
NULISP		Leistungsabstimmungsverfahren der Universität von Nottingham
o.g.		oben genannt
POLEM		Leistungsabstimmungsverfahren vom IPA/IAO
PKW		Personenkraftwagen
RKW		Rationalisierungskuratorium der Deutschen Wirtschaft
RW		Rangwertregel
S		Anzahl der Arbeitssysteme

s		Laufvariable für Arbeitssysteme
TRS80		Mikrocomputer der Firma Tandy
Ta_{si}	min	Vorgabetaktzeit für Arbeitssystem s
Ta^*_{si}	min	Ta_{si} für Einplanung mit Zusatzinvestition
T'_D	min	Zeit für die Durchführung einer rechnergestützten Kapazitätsabstimmung
Tg_{sil}	min	Arbeitszeit in der Planung für Kapazitätseinplanung si in Gehaltsstufe l
Tg'	min	Arbeitszeit für interaktive Kapazitätsplanu
Tg"	min	Arbeitszeit für rechnergestützte Kapazitätsplanung
Tg'_{si}	min	Arbeitszeit für interaktive Kapazitätseinplanung si
Tg''_{si}	min	Arbeitszeit für manuelle Kapazitätseinplanung si
Tg'_{sil}	min	Tg_{sil} für interaktive Abstimmung
Tg''_{sil}	min	Tg_{sil} für manuelle Abstimmung
Tr_{si}	min	Rechnerbenutzungszeit für Arbeitssystem s und Kapazitätseinplanung i
Tr'_{si}	min	Tr_{si} für interaktive Abstimmung
Tu_{si}	min	Ungenutzte Arbeitszeit und Umrüstzeit für Kapazitätseinplanung si
Tu^*_{si}	min	Tu_{si} für Einplanung mit Zusatzinvestition
Tu_{sil}	min	ungenutzte Zeit während Umstellung von Arbeitssystem s auf die Kapazitätseinheit i für Lohnniveau l
T'_V	min	Zeit für die Vorbereitung einer rechnergestützten Kapazitätsabstimmung
TV		Teilverrichtung
u.a.		unter anderem
u.U.		unter Umständen
UZ		übereinstimmende Zonenzahlregel
VAX		Rechnersystem der Firma Digital Equipment
VDI		Verein Deutscher Ingenieure
vgl.		vergleiche

VL		Maximale Vorgabezeitregel mit Leerelementbevorzugung
VM/CMS		Virtual Machine/Conversational Monitor System
VZ		Maximale Vorgabezeitregel
ZA		Zufallsausfall
z.B.		zum Beispiel
Z	DM	Zielfunktionswert
ZE		Zeiteinheit
ZG*		Zielfunktionswert aus partionierten Gleichung
ZG^*_{si}		Teilzielfunktionswert für Arbeitssystem s und Kapazitätseinplanung i
Z'	DM	vereinfachter Zielfunktionswert
Z^*_{in}	DM	Zielfunktionswert der interaktiven Leistungsabstimmung
Z'_{in}	DM	vereinfachter Zielfunktionswert für interaktive Leistungsabstimmung
Z^*_{man}	DM	Zielfunktionswert der manuellen Leistungsabstimmung
Z''_{man}	DM	vereinfachter Zielfunktionswert für manuelle Leistungsabstimmung
Z'_{si}	DM	vereinfachter Zielfunktionswert für Kapazitätseinplanung si
Z^*_{si}		einfacher Zielfunktionswert für Kapazitätseinplanung si
$Z_{Steffen}$	$\frac{DM}{min}$	Zielfunktionswert nach Steffen
ZZ'_{si}	min	Zeitzielfunktion der Leistungsabstimmung si
Δ_D	min	Auf Zeitbasis relativierte Anteile der Kosten der Durchführung der Kapazitätsabstimmung
Δ_g		Gemeinkostenzuschlag für Gehaltskosten
Δ_V	min	Auf Zeitbasis relativierte Anteile der Kosten der Vorbereitung der Kapazitätsabstimmung
γ		Gemeinkostenzuschlag für Lohnkosten

1 EINFÜHRUNG

Im Jahre 1913 führte Henry Ford in seinem Werk in Highland Park, Michigan, USA einen mechanisch bewegten Förderer ein, der in einem Montagesystem die Fahrzeugkarossen durch jeweils gleichgroße Arbeitsstationen bewegte. Es zeigte sich, daß damit ein neues Zeitalter in der Montagetechnologie angebrochen war, denn die erste fortschrittliche Montagelinie begann zu arbeiten. Es war Henry Ford gelungen, mehrere auch damals schon bekannte Prinzipien, wie die Artteilung der Arbeit und die Förderung von Bauteilen von Station zu Station, in sein Konzept der "Montage als kontinuierlicher Prozeß" zu integrieren /1/. Seine revolutionäre Erfindung wurde zu einem wichtigen Meilenstein für den "Taylorismus", einer arbeitswissenschaftlichen Denkweise, die nach dem britischen Wissenschaftler F.W. Taylor benannt wurde. Seine Grundidee war, daß ein großer Produktivitätsgewinn durch die Artteilung der Arbeit erzielt werden kann /2/. Nach der Einführung der ersten Montagelinie dominierte dieser Denkansatz in der Diskussion über Arbeitsgestaltung für viele Jahrzehnte.

Selbst in den letzten Jahren, als wegen einer Reihe von Problemen, die in der Produktion auftraten, eine stärkere Berücksichtigung humaner Faktoren dringlicher wurden und Forderungen nach

- Arbeitsplatzwechsel
- Arbeitserweiterung
- Arbeitsbereicherung
- Arbeitsgestaltung

unüberhörbar wurden /3,4,5/, zeigte es sich, daß Montagelinien in vielen Fällen eine wirtschaftliche Lösung darstellen.

Seit dem Jahre 1913 wurden ständig neue Rationalisierungserfolge durch den Einsatz immer neuerer, jeweils verbesserter Montagelinien erzielt. Jahrzehntelang galt dabei das größte Interesse den dabei auftretenden technischen Problemen. Aber es wurde hierbei inzwischen ein so hoher Leistungsstand erreicht, daß weitergehende Verbesserungen immer schwieriger werden. Daher rücken jetzt mehr und mehr bisher häufig vernachlässigte organisatorische Probleme in den Vordergrund.

1.1 Problemstellung

1.1.1 Die Leistungsabstimmungsaufgabe

Bereits in den 20er Jahren dieses Jahrhunderts wurden viele wissenschaftliche Arbeiten und Erfahrungsberichte veröffentlicht, die sich mit der Übertragung des "Ford Prinzips", des "Taylor-Systems", der "Band-" bzw. "Fließarbeit" auf die betriebliche Praxis befassen. Eine Übersicht der Literatur dieser Zeit ist in dem von Mäckbach und Kienzle 1926 im Auftrag des AWF beim RKW herausgegebenen Buchs "Fließarbeit - Beiträge zu ihrer Einführung" zu finden /6/. Der Schwerpunkt des Interesses lag damals in der Schaffung von Voraussetzungen, technischen Lösungen, der wirtschaftlichen Bewertung und einzelnen organisatorischen Fragen, wie z.B. geeigneter Lohnformen. Die Notwendigkeit, den Arbeitsumfang einer Aufgabe gleichmäßig auf die Werker einer Montagelinie zu verteilen, wird ebenso geschildert wie dessen Untergliederung in Teilaufgaben und deren lexikographischer Zuordnung zu Werkern. Darüber hinaus wird in dieser Arbeit dargestellt, daß die Zahl der eingesetzten Werker auf die zu produzierende Stückzahl abgestimmt werden kann.

Als Leistungsabstimmung wird in diesem Zusammenhang das Problem verstanden, einen möglichst günstigen Abgleich des Kapazitätsangebots einer Montagelinie (entsprechend der eingesetzten Mitarbeiterzahl) und des Kapazitätsbedarfs (festgelegt durch Arbeitsumfang und Produktionsrate) zu erzielen.

Daß dabei die Zuordnung von Tätigkeiten zu Werkern ein Problem darstellt, dessen Lösung mit geeignetem Verfahren optimiert werden kann, wurde erst später dokumentiert. In der Literatur gilt B. Bryton /7/ als erster, der im Jahre 1954 dies beschrieb und einen mathematischen Lösungsweg entwickelte. Seither wurde eine Vielzahl von rechnergestützten Verfahren entwickelt. Obwohl sich die meisten dieser Arbeiten auf die Leistungsabstimmung von Montagelinien beschränken, ist das eigentliche Problem allgemeiner und tritt bei fast allen Montagesystemen auf. Dieses Problem besteht darin, daß die gesamte Montageaufgabe auf Teilsysteme - z.B. hintereinandergeschaltete Arbeitsstationen einer Montagelinie - übertragen werden muß, wie in Bild 1 dargestellt. Hierzu wird der gesamte in einem System zu montierende Arbeitsinhalt in Teilaufgaben untergliedert. Diese müssen so den einzelnen Teilsystemen zugeordnet werden, daß jeweils durchführbare Arbeitspakete gebildet werden und gleichzeitig die Montagekosten minimiert werden. Letzteres wird in der Regel über eine Maximierung der Stationsauslastungen angestrebt.

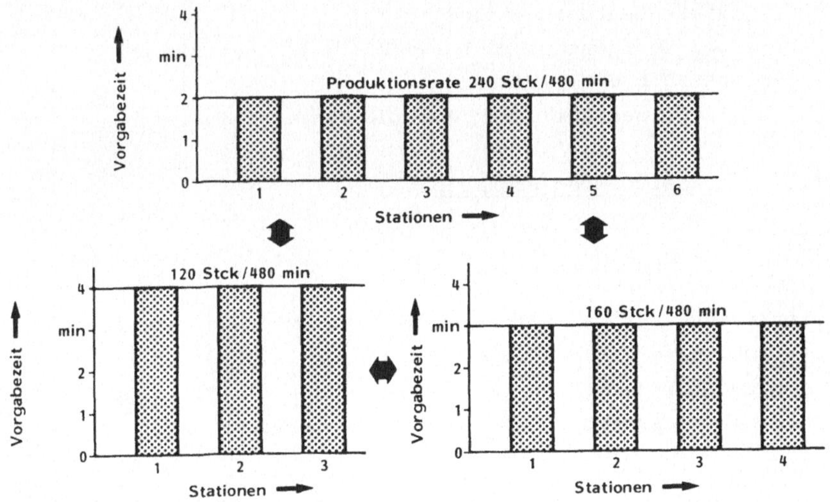

Bild 1: Die Abstimmung eines Montagesystems

Da Stückzahlschwankungen, Konstruktionsänderungen, Aus- oder Einlagerungen von Vormontagen und weitere externe Einflüsse immer wieder die Rahmenbedingungen für ein Montagesystem ändern, ist eine häufige Anpassung des Systems an die aktuelle Situation erforderlich. Da derartige Abstimmungen mehrere Arbeitstage, in extremen Fällen sogar mehrere Wochen dauern können, stellt sich die Frage nach effizienten Verfahren zur Unterstützung der Planer.

1.1.2 Das Ziel dieser Arbeit

Obwohl in den letzten beiden Jahrzehnten sehr viele Verfahren zur Lösung des Leistungsabstimmungsproblems entwickelt wurden, werden diese in der betrieblichen Praxis nur vereinzelt eingesetzt. Ziel dieser Arbeit ist daher

- die Eignung bekannter Verfahren für einen Praxiseinsatz zu überprüfen,
- die Anforderungen an ein praxisrelevantes Verfahren festzustellen,
- ein relevantes Verfahren zu entwickeln, bzw. aus bestehenden abzuleiten,
- das Verfahren in der Industrie einzusetzen,
- es zu beurteilen und
- in mindestens einem Unternehmen einzuführen.

1.2 Analyse des Problems

1.2.1 Ursachen

Die Ursache für das beschriebene Problem liegt letztlich in der Notwendigkeit der Arbeitsteilung, wie dies von Dittmayer in seiner Dissertation beschrieben wird /8/. Er zeigt für die Teilung der Arbeit folgende charakteristische Möglichkeiten auf:

- reine Mengenteilung,
- reine Artteilung und
- gemischte Arbeitsteilung.

Sofern die Durchführung der Montageaufgabe mehr als nur einen Werker erfordert, muß die Arbeitsaufgabe zwangsläufig in einer der genannten Arten geteilt werden. Zur Darstellung der gewählten Teilung verwendet Dittmayer das in Bild 2 gezeigte Diagramm. In dieser Darstellung werden auf der Abszisse die Vorgabezeit je Stück und auf der Ordinate die Produktionsrate abgebildet.

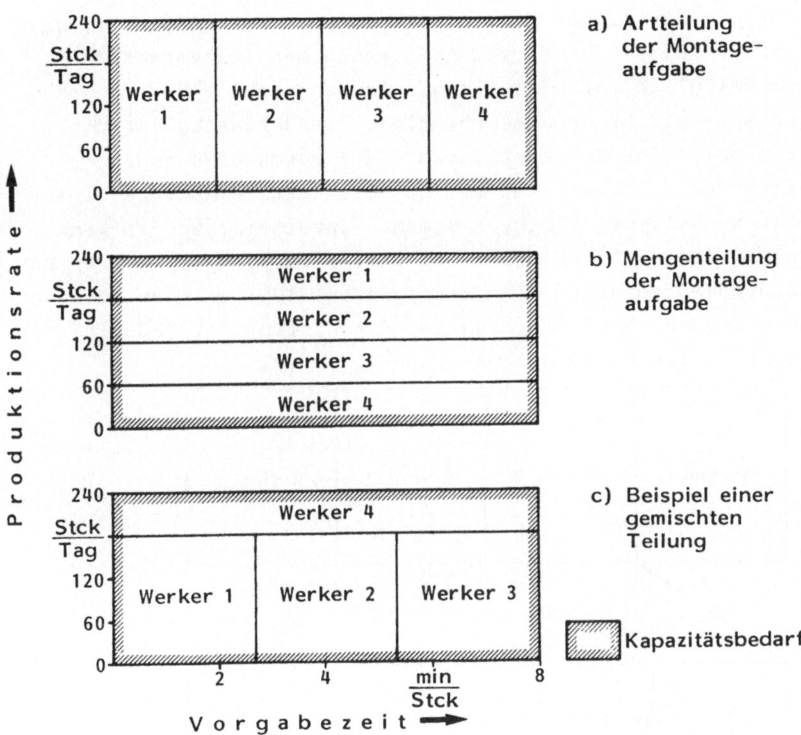

Bild 2: Die charakteristischen Arten der Arbeitsteilung /8/

Das Produkt dieser beiden Ursprungsvektoren ergibt die für diese Produktionsaufgabe notwendige Fertigungskapazität. Sofern diese Kapazität größer ist als die eines Werkers, ist es unumgänglich mehrere Werker einzusetzen und die Arbeitsaufgabe unter diesen aufzuteilen.

Die Teilbarkeit der Kapazität nach den genannten Möglichkei-

ten stößt jedoch auf Grenzen. Dies gilt weniger für die Stückzahlachse, wo bei Bedarf sogar von ganzzahligen Werten abgegangen werden kann, um eine noch feinere Aufteilung zu erzielen. Solange nicht eine Spezialisierung der parallelen Einheiten auf jeweils nur einen Teil des Typen- bzw. Variantenspektrums vorliegt, sind der Mengenteilung fast keine Grenzen gesetzt. Von diesem Fall abgesehen, ist die Teilbarkeit der Kapazität vor allem in bezug auf die Vorgabezeit, d.h. bezüglich der Artteilung, eingeschränkt.
Eine wesentliche Ursache für diese Einschränkung ist die nicht beliebige Unterteilbarkeit der durchzuführenden Arbeitsaufgabe. Dies bedeutet, daß die gesamte Montageaufgabe nicht in beliebig kleine Fragmente unterteilt werden kann, sondern daß es "sinnvoll nicht weiter unterteilbare" /9/ Basistätigkeiten gibt, die im folgenden "Teilverrichtungen" genannt werden. Wie sich dies auf die Nutzung der Kapazität auswirkt, ist in Bild 3 dargestellt.

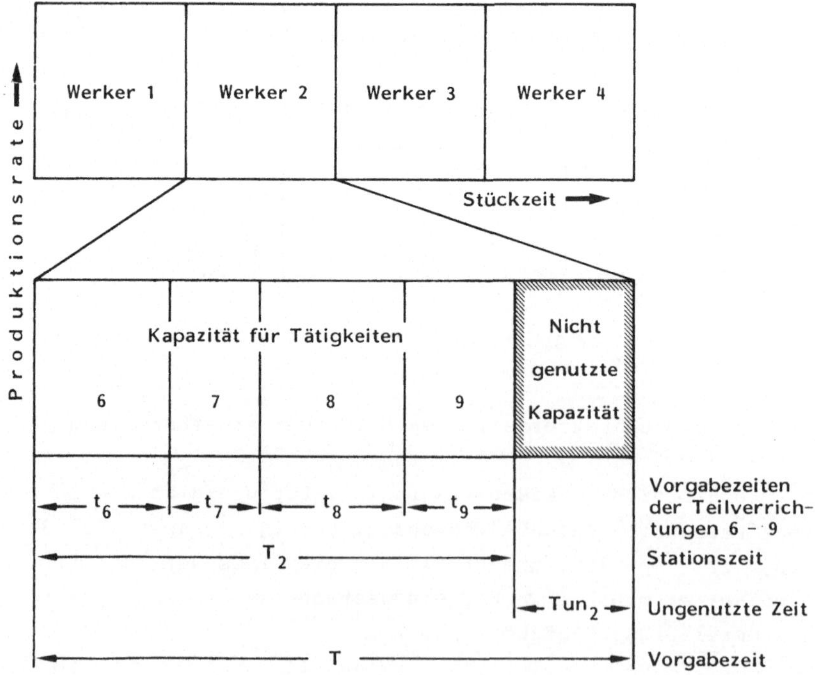

Bild 3: Kapazitätsangebot und -bedarf einer Arbeitsstation

Lutz /9/, Lentes und Görke /10/ haben dargestellt, daß es außer der Beschränkung der Unterteilbarkeit der Teilverrichtungen noch weitere Gründe für nicht nutzbare Kapazitäten bzw. Zeiten gibt. Dazu gehören insbesondere Restriktionen, die das beliebige Zusammenfassen von Teilverrichtungen zu Stationen verhindern. Die Ursachen dafür liegen insbesondere in der Gestaltung des Produkts und in Besonderheiten des Montagesystems.

1.2.2 Grundlegende Beziehungen

Die Grundlagen und wesentliche Kennzahlen der Leistungsabstimmung wurden von Lentes und Görke 1976 /10/ übersichtlich zusammengefaßt. Daher kann an dieser Stelle auf deren Darstellung verzichtet werden.

1.3 Verfahren der Leistungsabstimmung

1.3.1 Überblick

Die bekanntgewordenen Verfahren der Leistungsabstimmung lassen sich nach

- dem Umfang der Rechnerunterstützung,
- den Eingriffsmöglichkeiten und
- der Komplexität des Aufgabenbereichs

beschreiben.

1.3.2 Verfahren ohne Rechnerunterstützung

In der betrieblichen Praxis dominieren nach wie vor Verfahren ohne Rechnerunterstützung. Die Grundidee der dabei in der Regel eingesetzten Methode besteht darin, die Teilverrichtungen durch wiederholtes Probieren so zu Stationen zusammenzufassen, daß jeweils durchführbare Arbeitsinhalte entstehen.

Diese Verfahren wurden in manchen Unternehmen so modifiziert, daß zumindest der Ergebnisausdruck und gewisse einfache statistische Bewertungen rechnerunterstützt erfolgen können. Dies wird entweder dadurch erreicht, daß in ein Formular handschriftlich die manuell gefundenen Zuordnungen eingetragen werden, diese Informationen von Datentypisten in eine Datei übertragen und von einem Rechnerprogramm ausgewertet und ausgedruckt werden. Eine etwas weitergehende Möglichkeit besteht darin, für die Teilverrichtungen standardisierte Lochkarten zu benützen, die manuell stationsweise angehäuft und danach von einem Rechnerprogramm ausgewertet werden. Da es sich bei solchen Verfahren und Anwendungen um firmeninterne Entwicklungen handelt, sind fast keine Veröffentlichungen darüber entstanden. Eine Ausnahme davon bildet allerdings das ALPACA-Verfahren, das bei General Motors eingesetzt wird /11/.

Kennzeichnend für all diese Verfahren ist, daß jegliche Entscheidung vom Planer getroffen werden muß und der Rechner lediglich bestimmte Routineauswertungen und -ausgaben durchführt.
Da die Abstimmung des Systems manuell durchgeführt wird und der Rechner lediglich unterstützende Nebenfunktionen übernimmt, werden diese Verfahren im Sinne der o.g. Klassifizierung als "manuell" eingestuft.

1.3.3 Rechnergestützte Verfahren

Seit den 50er Jahren sind - vor allem in den USA - zahlreiche rechnergestützte Verfahren zur Lösung des Leistungsabstimmungsproblems entwickelt worden, die auf sehr unterschiedlichen Ansätzen des Operations Research aufbauen. In der Literatur gibt es bereits mehrere übersichtliche Zusammenfassungen dieser Verfahren. An dieser Stelle kann daher auf die Arbeiten von Lentes, Görke /12/, Hahn, Lutz, Roschmann /13/ sowie auf andere Arbeiten des Autors /14,15/ verwiesen werden kann.

Verfahren				Beurteilung				
Technik			Bezeichnung	positiv	eher positiv	indifferent	eher negativ	negativ
Graphentheorie			Gutjahr+Nemh.			■		■
Dynamische Optimierung			Held	■		■■	■	
Dynamische Optimierung			Jackson		■	■		
Heuristiken	Zufallsauswahl		—			■■		
Heuristiken	Begrenzte Enumeration		Hoffmann	■■■	■	■■■	■	
Heuristiken	Begrenzte Enumeration		MALB	■		■■	■	
Heuristiken	Einfache Prioritätsregeln	1-stufig	Positionswert		■■	■■■		
Heuristiken	Einfache Prioritätsregeln	1-stufig	Rangwert	■	■	■		
Heuristiken	Einfache Prioritätsregeln	2-stufig	Spaltennummer + Vorgabezeit			■■■	■	
Heuristiken	Komplexe Verfahren	2 Phasen	Moodie+Young		■	■■	■	■■
Heuristiken	Komplexe Verfahren	Mehrere Prioritätswerte	Arcus		■■■	■■■		
Heuristiken	Komplexe Verfahren	Mehrere Prioritätswerte	10 sp			■■		
Heuristiken	Komplexe Verfahren	Stochastische	Tonge	■		■		

Bild 4: Vergleich von Leistungsabstimmungsverfahren durch mehrere Autoren. Ausgewertete Arbeiten: Vergleiche /9,16,25,27,28,30 bis 34/, Verfahren /1,17 bis 29,35/, jeder Punkt entspricht einer in o.g. Schrifttum durchgeführten Beurteilung.

Wie schwierig die Beurteilung dieser Verfahren ist, wird vom Autor in /15/ aufgezeigt. In diesem Forschungsbericht sind u.a. 10 aus der Literatur bekannte Verfahrensvergleiche zusammengestellt. Das Ergebnis ist in Bild 4 gezeigt.

Da die Mehrzahl dieser Verfahren auf einfache Aufgabenbereiche zugeschnitten ist, wurden diese in der Regel nur eingesetzt, um kleine bis mittelgroße - häufig willkürlich festgelegte - Testprobleme zu lösen. Es gibt jedoch einige wenige Algorithmen, die in der Industrie eingesetzt werden bzw. eingesetzt wurden. Dazu gehören:

- POLEM /10,36/
- CALB /37/
- NULISP /38/
- CADAP /39/

Die genannten Verfahren basieren alle auf Kilbridge und Wester's /1/ Ideen, bzw. auf Tonge's /29/ Vorschlägen. Um in der Industrie bestehen zu können, waren jedoch zahlreiche Erweiterungen erforderlich. Insbesondere mußten die Anforderungen des Gegenstandsbereichs, bestehend aus Produkt, Arbeitssystem und Produktionsprogramm mit ausreichender Genauigkeit im Verfahren abgebildet werden, bevor umsetzbare Ergebnisse erzielt werden konnten. Für POLEM wurde dieser Schritt von Lentes und Görke beschrieben /10,40/.

Trotz dieser Modifikationen konnte sich keines dieser Verfahren auf breiter Basis durchsetzen.

1.3.4 Dialogfähige Verfahren

In den vergangenen Jahren gab es mehrfach Ansätze, dialogfähige Verfahren für die Leistungsabstimmung von Montagelinien zu entwickeln. Diese lassen sich in zwei Klassen unterteilen:

- unterstützende Verfahren, bei denen die Zuteilung vom Planer durchgeführt werden und
- rechnerunterstützte Leistungsabstimmungsverfahren, bei denen der Planer über gewisse Eingriffsmöglichkeiten verfügt.

1.3.4.1 Unterstützende dialogfähige Verfahren

Für diese Verfahrensgruppe ist kennzeichnend, daß die Entscheidungen und insbesondere die Zuteilung von Teilverrichtungen zu Stationen vom Planer getroffen bzw. durchgeführt

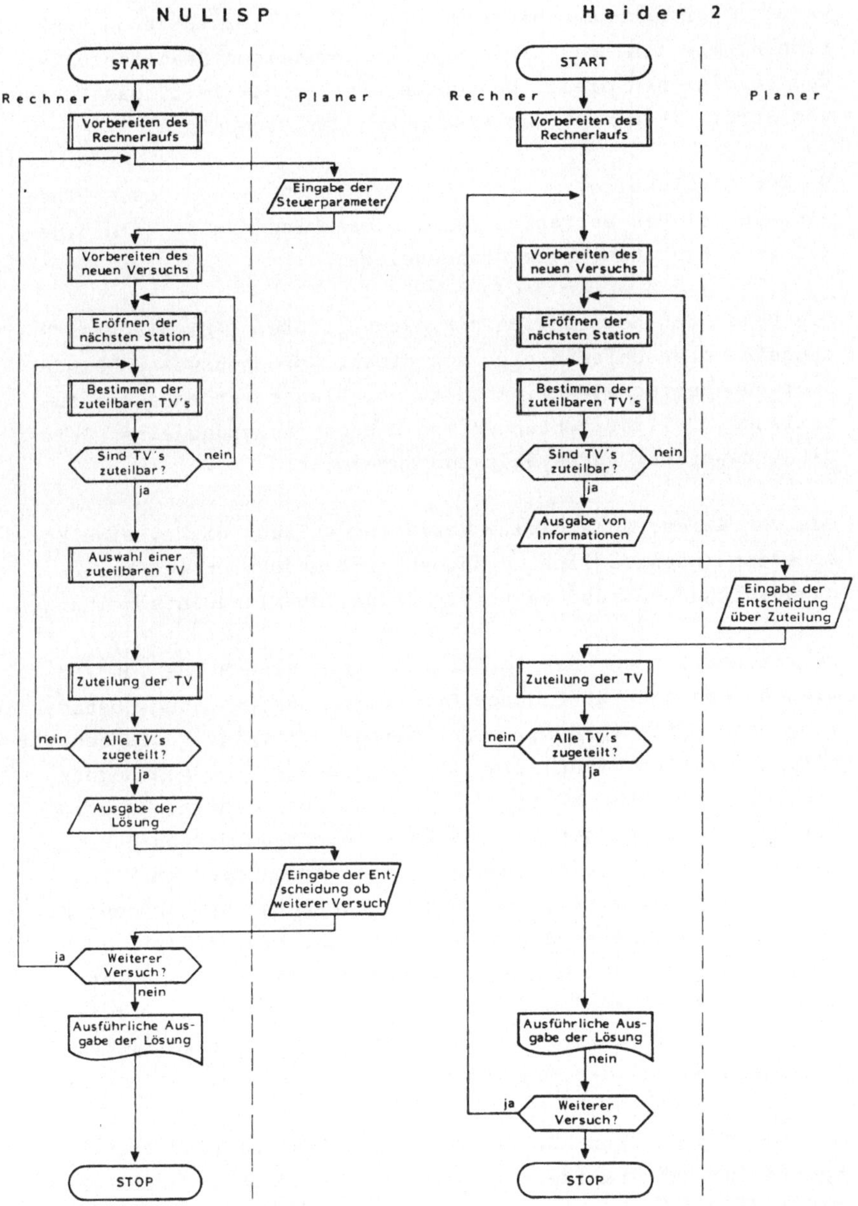

Bild 5: Ablaufdiagramme zweier typischer Leistungsabstimmungsverfahren

werden. Der Rechner übernimmt dabei nur unterstützende Funktionen, wie z.B. das Errechnen der jeweiligen Stationszeiten, das Vergleichen dieser Kennwerte mit der Taktzeit, das Führen von Statistiken bzw. das Ausdrucken der Ergebnisse.

Haider entwickelte im Jahr 1972 im Rahmen seiner Master-Thesis ein solches Verfahren /41/. Diesem ist die in Bild 5 gezeigte Vorgehensweise zugrundegelegt.

Die bekannten heuristischen Einwegverfahren ("Single Pass Methods") unterschieden sich von dieser Vorgehensweise bei der Zuordnungsentscheidung. Anstatt vom Planer werden die zuzuteilenden Teilverrichtungen vom Rechner aufgrund einer Prioritätsbewertung ausgewählt und zugeteilt.

Das von Haider entwickelte Verfahren erlaubt nicht, eine Entscheidung nachträglich zu ändern, es berücksichtigt keine Randbedingungen, und es trifft keine Zuteilungsentscheidungen.

Es ist anzunehmen, daß in der Industrie eine Reihe von vergleichbaren unterstützenden Programmen zur Leistungsabstimmung entwickelt wurden. Leider werden derartige Verfahren nur selten veröffentlicht. Eine Ausnahme bildet das von Lorenz vorgestellte ALPACA-Verfahren, mit dem bei General Motors Leistungsabstimmungen für die PKW-Endmontage durchgeführt wurden /11/. Seinen Angaben zu Folge werden die vom Planer zugeteilten Teilverrichtungen unter Berücksichtigung des Modell-Mixes verwaltet und diverse Statistiken geführt. Vorrangbeziehungen und Randbedingungen werden dagegen nicht durch das Verfahren unterstützt. Der Planer muß alle Teilverrichtungen selbst zuteilen, hat aber die Möglichkeit, seine Entscheidung zu korrigieren.

Wie der Einsatz von ALPACA zeigt, sind solche einfache Verfahren für den Praxiseinsatz geeignet, jedoch ist die Unterstützung, die der Planer durch diese Verfahren erwarten kann, begrenzt.

1.3.4.2 Rechnergestützte Verfahren mit Eingriffsmöglichkeiten

Die Gruppe der veröffentlichten rechnergestützten Verfahren mit Eingriffsmöglichkeiten ist dadurch gekennzeichnet, daß heuristische Verfahren um unmittelbare Eingriffsmöglichkeiten, mit denen der Planer in unterschiedlichem Umfang auf das Ergebnis Einfluß nehmen kann, erweitert wurden.

Haider hat ein zweites Verfahren entwickelt, das dieser Klasse zugeordnet werden kann. Sein Programm berücksicht Vorgabezeiten und Vorrangbeziehungen und hat fast den gleichen Ablauf wie das in Kapitel 1.3.4.1 geschilderte. Wesentliche Unterschiede bestehen jedoch darin, daß das Verfahren vier Prioritätsregeln kennt. Es füllt jeweils eine Station unter Einsatz einer Prioritätsregel auf. Der Benutzer kann danach entweder die nächste Station eröffnen, oder die Zuteilungen zur letzten Station unter Einsatz einer anderen Prioritätsregel wiederholen lassen. Er kann jedoch nicht direkt Teilverrichtungen zuteilen, zurücknehmen oder vertauschen, oder eine andere als die jeweils letzte Station bearbeiten. Außerdem werden arbeitssystembedingte Randbedingungen nicht berücksichtigt.

Das 1980 von Whitehouse und Washburn vorgestellte Verfahren /42/ entspricht weitgehend dem von Arcus Mitte der 60er Jahre entwickelten COMSOAL /17/. Washburn übertrug dieses Verfahren auf einen Mikrocomputer des Typs Tandy TRS 80 und erzwang eine Eingabe der Daten und Steuerparameter im Dialog. Nachdem das Verfahren mit 10 Prioritätsregeln jeweils eine Lösung erzielt hat, kann der Benutzer mit veränderter Taktzeit 10 weitere Lösungen abrufen, oder alle Daten neu, bzw. teilweise verändert, erneut eingeben. Das Verfahren erlaubt nur ganzzahlige Werte für die Vorgabezeiten. Es berücksichtigt zwar Vorrangbeziehungen, jedoch keine arbeitssystembedingten Restriktionen, und der Planer hat keine Möglichkeit, direkt auf das Ergebnis Einfluß zu nehmen.

Das an der Universität von Nottingham entwickelte NULISP wurde ebenfalls um Eingriffsmöglichkeiten im Dialog erweitert /39/. Bei diesem Programm wird, wie in Bild 5 gezeigt, ein heuristischer Algorithmus aufgerufen, der eine komplette Lösung erzielt. Der Planer hat danach jedoch die Möglichkeit, nach dem Ändern einzelner Daten weitere Lösungen generieren zu lassen. Er kann jedoch keine Teilverrichtungen direkt zuteilen, vertauschen oder zurücknehmen. Das Verfahren berücksichtigt mehrere arbeitssystembedingte Randbedingungen, ebenso wie die produktseitigen Vorrangbeziehungen, und es erlaubt, den Vorranggraphen auf logische Fehler zu überprüfen. Alle Eingriffsmöglichkeiten sind jedoch mittelbar.

Hartulari und Popescu veröffentlichten 1983 einen "kybernetischen" Ansatz zur Lösung des Leistungsabstimmungsproblems für Montagelinien /43/. Sie weisen in ihrer Arbeit auf die Schwierigkeiten bei der Modellbildung für rechnergestützte Verfahren hin. Diese versuchen sie dadurch zu umgehen, daß sie nur wenige Einflußgrößen - nämlich Vorrangbeziehung und Vorgabezeit der Teilverrichtungen - im Rechner abbilden und die Berücksichtigung aller weiteren Gesichtspunkte als Aufgabe des Benutzers festlegen. Notation und Prioritätsregeln kommen dabei aus der Graphentheorie. Das Verfahren entspricht einer Verbindung der beiden von Haider entwickelten Verfahren. Der Benutzer kann sowohl selbst Teilverrichtungen zuteilen - allerdings nur aus der vom Programm vorgegebenen Liste zuteilbarer Tätigkeitselemente - als auch Zuteilungen nach Prioritätsregeln abrufen. Ein Vertauschen, bzw. eine Zurücknahme bereits zugeteilter Teilverrichtungen ist nicht möglich. Über einen Praxiseinsatz des Verfahrens wird nicht berichtet.

1.3.5 Grenzen bekannter Verfahren

Die Diskussion der bekannten Verfahren zeigt, daß alle ihre jeweils spezifischen Grenzen haben.

Die manuellen Verfahren erfordern einen großen personellen Aufwand, da der Planer alle Teilaufgaben selbst ausführen muß. Der Übergang auf Lochkarten bzw. dialogfähige unterstützende Systeme bringt zwar deutliche Erleichterungen, findet jedoch Grenzen, da eine Übertragung von Entscheidungen auf den Rechner nur eingeschränkt möglich ist.

Rechnergestützte Verfahren, die nicht dialogfähig sind, erfordern großen Aufwand, um alle wesentlichen Einflußgrößen abzubilden. Dies ist nur bei wenigen Systemen gelungen. Besonderheiten einzelner Montagesysteme oder einzelner Stationen können selbst bei komplexen Verfahren häufig nicht direkt, sondern höchstens über eine Manipulation der Eingabedaten berücksichtigt werden.

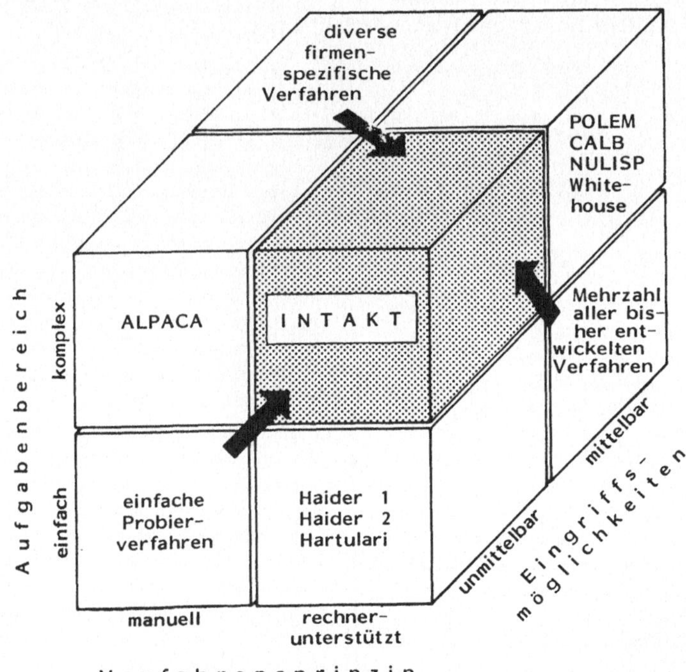

Bild 6: Klassifizierung von Leistungsabstimmungsverfahren

Die rechnergestützten Verfahren mit Eingriffsmöglichkeiten stoßen auf keine prinzipbedingten Grenzen. Es ist jedoch, wie in Bild 6 gezeigt, noch kein System bekannt, das rechnergestützt Leistungsabstimmungen durchführen kann, das das Leistungsabstimmungsproblem genügend genau abbildet, um auch für komplexe Aufgabenbereiche eingesetzt werden zu können und dem Planer unmittelbare Eingriffsmöglichkeiten zur Feinabstimmung des Ergebnisses zu bieten.

Dies bedingt ein interaktives Verfahren, bei dem die Arbeitsteilung zwischen Planer und Rechner nicht durch die Verfahrensgrenzen bestimmt sind, sondern auf die Anforderungen der jeweiligen Planungsaufgabe abgestimmt werden kann, so daß in der Regel mit wenigen Eingaben vollständige und umsetzbare Lösungen generiert werden können und bei auftretenden Problemen gezielt die Erfahrung des Planers für eine Verbesserung des Ergebnisses genutzt werden kann.

2 GRUNDLAGEN UND PRAXISUNTERSUCHUNGEN

2.1 Allgemeines

Nachdem im ersten Kapitel vorwiegend die bisherigen Forschungsarbeiten auf dem Gebiet der Leistungsabstimmung beschrieben wurden, sollen nun die Hintergründe dieses Problembereichs dargestellt werden. Insbesondere sollen

- die Ziele
- der Gegenstandsbereich
- die Aufgaben
- die Ergebnisse

der Leistungsabstimmung untersucht, bzw. auf relevante Analysen dieser Faktoren verwiesen werden.

2.2 Ziele der Leistungsabstimmung

Die Frage nach den Zielen der Leistungsabstimmung kann aus betriebswirtschaftlicher Sicht wie folgt beantwortet werden:

> Es soll durch die Leistungsabstimmung eine möglichst kostenminimale Zuordnung der Arbeitsaufgabe zu den Arbeitskräften eines bestehenden Arbeitssystems für ein in der Regel vorgegebenes Produktionsprogramm gefunden werden.

Aber bereits diese Zielsetzung setzt sich aus zwei Komponenten zusammen:

- das Ergebnis und
- der Prozeß "Zuordnung"

sollen so gestaltet werden, daß eine insgesamt kostengünstige Lösung entsteht. Im folgenden werden diese beiden Faktoren zu einem integrierten Zielsystem zusammengefaßt und es wird analysiert, unter welchen Bedingungen Vereinfachungen und insbesondere eine Reduktion auf eine Minimierung von Taktausgleichszeiten möglich ist.

2.2.1 Die Kostengleichung

Faßt man die Kosten, die als Ergebnis der Leistungsabstimmung anfallen und die zur Durchführung der Leistungsabstimmung entstehen, zusammen, so erhält man folgende umfassende Kostengleichung /15/:

$$KO = KA+KM+KK+KF+KG \tag{1}$$

$$\begin{aligned}
&= (1+\Delta_g) \sum_{s=1}^{S} \sum_{i=1}^{NKA_s} \sum_{l=1}^{LN} (N_{si}\ Ta_{si}\ M_{sil}+Tu_{sil})KFbr_l \\
&+(1+\gamma) \sum_{s=1}^{S} \sum_{i=1}^{NKA_s} \sum_{l=1}^{LG} KFG_l\ Tg_{sil} \\
&+KFR \sum_{s=1}^{S} \sum_{i=1}^{NKA_s} Tr_{si}+KMS+KAGU+KASO \\
&+ FU \cdot ISU+FS \cdot ISS+FG \cdot ISG+ISM \\
&+ \sum_{s=1}^{S} \sum_{i=1}^{NKA_s} KKK_{si}+KRS+KRP
\end{aligned} \tag{2}$$

$$\begin{aligned}
&= \sum_{s=1}^{S} \sum_{i=1}^{NKA_s} \Bigg\{ (1+\Delta_g) \sum_{l=1}^{LN} (N_{si}\ Ta_{si}\ M_{sil}+Tu_{sil})\ KFbr_l \\
&+ (1+\gamma) \sum_{l=1}^{LG} KFG_l\ Tg_{sil}+KFR\ Tr_{si}+KKK_{si} \Bigg\} \\
&+FU \cdot ISU+FS \cdot ISS+FG \cdot ISG+ISM+KRG
\end{aligned} \tag{3}$$

2.2.2 Die Zielfunktion

In dieser Form kann die Kostengleichung als Zielfunktion dienen:

$$Z = \min(KO) \tag{4}$$

Sofern das Leistungsabstimmungsverfahren festgelegt ist, ist auch die Summe über die Bestandteile der Fixkosten konstant und wenn die zukünftigen Leistungsabstimmungen nicht vorausschauend mit berücksichtigt werden können, läßt sich die Zielfunktion vereinfachen /15/ zu:

$$ZG^* = \sum_{s=1}^{S} \sum_{i=1}^{NKA_s} ZG^*_{si} \tag{5}$$

$$= \sum_{s=1}^{S} \sum_{i=1}^{NKA_s} \min\,(1+\Delta_g) \left\{ \sum_{i=1}^{LN} (N_{si}\; Ta_{si}\; M_{sil} + Tu_{sil})KFbr_l \right.$$

$$\left. +(1+\gamma) \sum_{i=1}^{LG} KFG_l\; Tg_{sil} + KFR\; Tr_{si} + KKK_{si} \right\} \tag{6}$$

Damit kann das Problem auf die Optimierung jeder einzelnen Leistungsabstimmung zurückgeführt werden.

Sofern darüber hinaus die Kosten der Durchführung einer Leistungsabstimmung wesentlich kleiner sind, als die durch diese beeinflußbaren Kosten des Arbeitssystems, kann eine näherungsweise Optimierung auf eine Betrachtung der letztgenannten Kostenanteile beschränkt werden:

$$Z' = \sum_{s=1}^{S} \sum_{i=1}^{NKA_s} \min(1+\Delta_g) \sum_{l=1}^{LN} (N_{si}\; Ta_{si}\; M_{sil} + Tu_{sil})KFbr_l$$

$$+KKK_{si} \tag{7}$$

$$= \sum_{s=1}^{S} \sum_{i=1}^{NKA_s} Z'_{si} \tag{8}$$

In der partiellen Zielfunktion für eine Kapazitätseinplanung sind noch folgende Freiheitsgrade enthalten:

- die Vorgabetaktzeit
- die Anzahl der Arbeitskräfte
- die Zuordnung der Arbeitskräfte zu Lohnniveaus
- die benötigten Zusatzinvestitionen
- die Planstückzahl

Wenn die Lohnniveaus sehr dicht beieinander liegen, bzw. sich infolge von Restriktionen ohnehin nur in einem sehr eingeschränkten Bereich verändern lassen, kann die Zielfunktion weiter vereinfacht werden:

$$Z'_{si} = \min \ (1+\Delta_g) \sum_{l=1}^{LN} (N_{si}\ Ta_{si}\ M_{sil}+Tu_{sil})\ KFbr_l\ +KKK_{si} \tag{9}$$

$$= \min \ (1+\Delta_g)\ (N_{si}\ Ta_{si}\ M_{si} + Tu_{si})\ KFbr + KKK_{si} \tag{10}$$

Dies bedeutet, daß die Auswirkungen der Zusatzinvestitionen KKK_{si} nur am Gesamtergebnis beurteilt werden können. Die eigentlichen Leistungsabstimmungen können somit mit der reinen Zeitzielfunktion

$$ZZ'_{si} = \min \ (N_{si}\ Ta_{si}\ M_{si} + Tu_{si}) \tag{11}$$

für die Situation mit und ohne den durch die Investitionen gesetzten Rahmenbedingungen durchgeführt werden, wobei als

Kriterium für die Wirtschaftlichkeit der Zusatzinvestition KKK_{si} gelten soll:

$$(N_{si}\ Ta^*_{si}\ M^*_{si} + Tu^*_{si})\ KFbr + KKK_{si}$$
$$< (N_{si}\ Ta_{si}\ M_{si} + Tu_{si})\ KFbr + 0 \qquad (12)$$

$$KKK_{si} < (N_{si}(Ta_{si}\ M_{si} - Ta^*_{si}\ M^*_{si}) + (Tu_{si} - Tu^*_{si}))KFbr \qquad (13)$$

Die in Gleichung (10) enthaltenen kapazitätsabstimmungsbedingten Zusatzinvestitionen KKK_{si} können nur dann wirtschaftlich sein, wenn sich durch sie die Gesamtauslastung eines Montagesystems erhöht, d.h. die erwartete Personalkosteneinsparung der Gesamtlösung niedriger sind als die zusätzlichen Kapitalkosten. Es ist bei nicht entkoppelten Systemen nicht ausreichend nur die jeweils direkt betroffene Station zu behalten. Ein Beispiel für diese Situation, die auch bei Rationalisierungsmaßnahmen, d.h. insbesondere bei der Automatisierung einzelner Tätigkeiten innerhalb eines bestehenden Montagesystems auftritt, ist in Bild 7 dargestellt.

Sofern

$$Tu_{si} \ll Ta_{si}\ M_{si}\ N_{si} \qquad (14)$$

ist, kann die Zielfunktion sogar noch weiter vereinfacht werden zu:

$$Z^*_{si} = \min(Ta_{si}\ M_{si}) \qquad (15)$$

Dies ist die Zielfunktion, die in der Literatur üblicherweise einer Leistungsabstimmung vorgegeben wird.

Zu den wenigen Ausnahmen gehört die Habilitationsschrift von Steffen /44/, in der eine Funktion benutzt wird, die ausgedrückt werden kann als:

$$Z_{Steffen} = \min \sum_{l=1}^{LN} Ta_{si}\ M_{sil}\ KFbr_{l} \qquad (16)$$

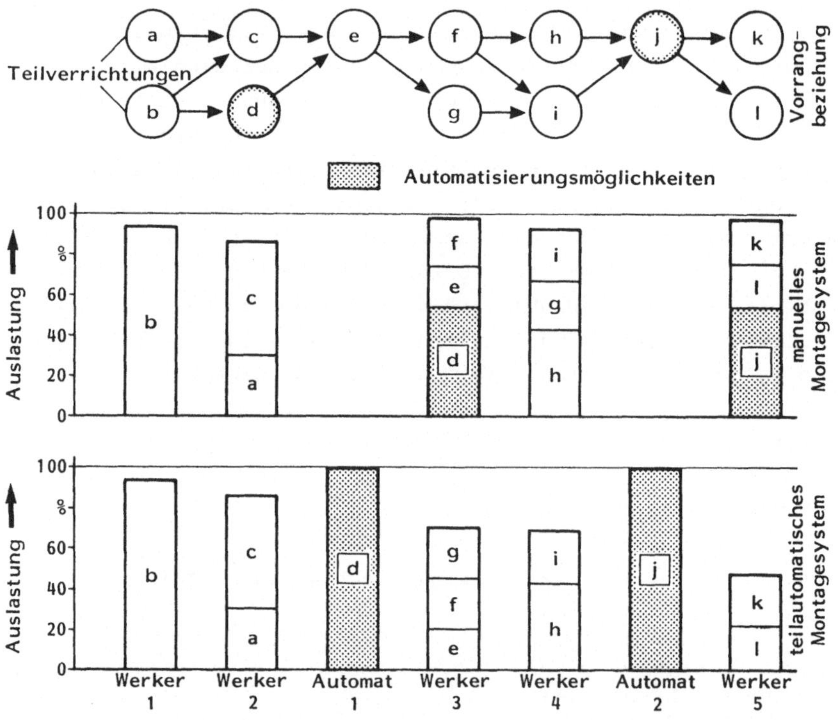

Bild 7: Beispiel einer Investition, die nur vordergründig eine Personaleinsparung bewirkt.

Diese Zielfunktion kann, wie in /15/ gezeigt, aus Gleichung (9) abgeleitet werden, wenn sowohl die über Zusatzinvestitionen als auch über eine Verringerung der Umrüstkosten erzielbaren Einsparungen vernachlässigbar klein sind gegenüber einer Personalkostenreduzierung über eine Minimierung der Arbeitsplatzwerte bzw. der Lohngruppen. Da aus arbeitswissenschaftlicher Sicht große Bedenken gegen die Konsequenzen einer solchen Optimierung angebracht sind /3, 5/ wird die auf diesem Aspekt gerichtete Teilkostenfunktion nicht verwendet.

Da mit zunehmender Komplexität der Zielfunktion auch ein höherer Durchführungsaufwand für die Optimierung zu erwarten ist, (z.B. für die Datenerfassung) ist es sinnvoll, die einfachste Zielfunktion aus der Menge $\{(15),(11),(10),(9),(7)\}$ einzusetzen, mit der, entsprechend den genannten Bedingungen, der Gesamtkostenverlauf genügend genau abgebildet wird. Für die Leistungsabstimmungen kann, wie gezeigt, in der Regel die einfache Zeitzielfunktion (15) benutzt werden, wobei kostenwirksame Einflüsse, die außerhalb der Personalkosten liegen, isoliert und in einen separat durchführbaren Wirtschaftlichkeitsrechnung berücksichtigt werden können.

2.3 Gegenstand der Leistungsabstimmung

Der Gegenstandsbereich der Leistungsabstimmung ist das in Bild 8 gezeigte Spannungsfeld zwischen den Einflußgrößen

- Montageaufgabe (Produkt)
- Montagebedingungen (Arbeitssystem)
- Arbeitskräfte (Personalangebot)
- Mengenbedarf (Produktionsrate)

Der maßgebliche Einfluß, den das Produkt und das Arbeitssystem auf die Leistungsabstimmung ausübt, ist in der Literatur bereits diskutiert und von Lentes und Görke /12/, sowie in erweiterter Form vom Autor /15/ dargestellt worden. Daher ist es möglich, die Beschreibung beider Einflußgrößen auf eine Zusammenfassung der wesentlichen Gesichtspunkte zu beschränken.

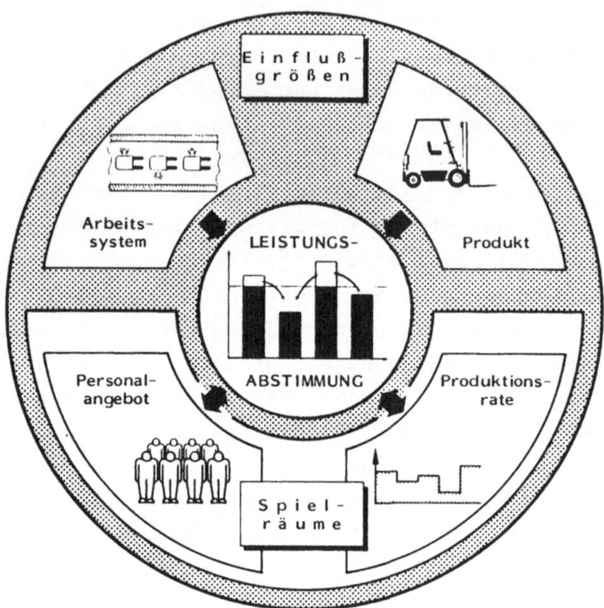

Bild 8: Gegenstandsbereich der Leistungsabstimmung

2.3.1 Die Montageaufgabe

Für die Montageaufgabe gilt:

- sie kann in Teilverrichtungen (vgl. Kap. 1.2.1) untergliedert werden,
- diese müssen je eine Vorgabezeit und eine Beschreibung und können weitere Informationen zugeordnet haben,
- die Teilverrichtungen unterliegen einer Reihenfolgebeziehung,
- es gibt Teilverrichtungen, die unmittelbar hintereinander ausgeführt werden müssen (Tätigkeitsblöcke) und
- Teilverrichtungen, die von mehreren Arbeitskräften nur gemeinsam ausgeführt werden können und
- vorbereitende Tätigkeiten, die eindeutig bestimmten Teilverrichtungen zugeordnet sind, aber höchstens einmal je Station ausgeführt werden müssen.

2.3.2 Der Einfluß des Montagesystems

Der Einfluß des Montagesystems insbesondere auf die Zusammenfaßbarkeit von Teilverrichtungen wird von vielen Autoren ignoriert (vgl. Kap. 1.3.3), bzw. das von ihnen entwickelte Verfahren von vornherein auf Aufgaben beschränkt, in denen er nicht auftritt. Der genannte Einfluß wird ausführlich von Lentes, Görke /10, 12/ und vom Autor /15/ untersucht und beschrieben. Entsprechend seinen Auswirkungen kann er wie folgt zusammengefaßt werden:

o Einschränkung der Zusammenfaßbarkeit, bzw. bevorzugte Zusammenfassung von Teilverrichtungen, wobei in der Regel solche mit ungleichen Eigenschaften getrennt und solche mit gleichen Eigenschaften zusammengefaßt werden müssen. Beispiele hierfür sind:
  - Werkstücklagen, bzw. Montagerichtungen,
  - Technologien,
  - Werkerqualifikationen,
  - Vormontagen, die nicht am Hauptwerkstück durchgeführt werden,

o Einschränkungen der Zuteilbarkeit von Teilverrichtungen zu Stationen, z.B. infolge
  - fest installierter Vorrichtungen,
  - festen Materialanlieferpunkten (Endpunkte von Materialförderstrecken),

o Existenz von montagesystembedingten zusätzlichen Tätigkeiten, z.B.:
  - Lesen der Produktbegleitkarte,
  - Weitergeben des Werkstücks,

o Existenz besonderer Stationen, z.B.:
  - Mehrmannstationen,
  - Parallelstationen,
  - Stationen, die nur zeitweise besetzt sind,

- o Abhängigkeit der Vorgabezeit einer Teilverrichtung von der Stationszuordnung, z.B. infolge daraus resultierender unterschiedlich langer Wege.

2.4 Aufgaben der Leistungsabstimmung

Fast keine Beachtung findet in der Fachliteratur bisher die Frage nach typischen Situationen, in denen Leistungsabstimmungen durchgeführt werden, bzw. welche Anforderungen durch diese an die Verfahren gestellt werden.

2.4.1 Erstmalige Einplanung eines Produkts auf ein Arbeitssystem

Wird ein Produkt zum ersten Mal auf ein Arbeitssystem eingeplant, so muß, unabhängig vom eingesetzten Verfahren, zunächst eine Analyse des Produkts durchgeführt werden. Es müssen Teilverrichtungen definiert, ein vorläufiger Montageplan erarbeitet und Planzeitwerte bestimmt werden. Da in der Regel Materialbereitstellung und die Werkzeug- bzw. Vorrichtungszuordnung als Ergebnis der Leistungsabstimmung festgelegt werden, gehen von diesen Gesichtspunkten keine, bzw. nur wenige Restriktionen aus. Diese Festlegung ist jedoch für die zu erwartenden Umstell- bzw. Umrüstkosten, die bei späteren Leistungsabstimmungen notwendig werden, von Bedeutung. Da diese Kosten nicht vorhersehbar sind, ist deren Optimierung an dieser Stelle nicht durchführbar. Es ist jedoch möglich, in gewissen Grenzen, Materialbereitstellung und Werkzeugzuordnung flexibel zu gestalten, indem z.B. die erste Einplanung für die obere Stückzahlgrenze durchgeführt wird, oder zumindest durch Einfügen von Leerstationen die gesamte Größe des Montagesystems genutzt wird. Für die Durchführung der Leistungsabstimmung ist in diesem Fall eine Beschränkung auf eine Zeitoptimierung nach Gleichung (15) sinnvoll, da die anderen relevanten Kostenfaktoren in der Regel nicht handhabbar sind.

Nach der Umsetzung der ersten Einplanung, d.h. nach dem Anordnen von Material, Werkzeugen und Vorrichtungen, werden weitere Rahmenbedingungen für folgende Abstimmungen gesetzt. Nach der Anlaufphase können dann meist erst die endgültigen Zeitbausteine für die Vorgabezeiten der Teilverrichtungen ermittelt werden.

2.4.2 Erneute Einplanung infolge Stückzahländerung

Sofern ein Produkt bereits auf dem betrachteten Montagesystem gefertigt wird, bzw. zuvor gefertigt wurde, und gegenüber der letzten Leistungsabstimmung die Stückzahl - und damit auch die Vorgabezeit - geändert werden soll, handelt es sich um eine erneute Einplanung. Typisch hierfür ist, daß die Materialbereitstellung bereits organisiert wurde, alle Arbeitsinhalte bereits einer Station zugeordnet waren, aber jetzt komplett neu auf eine andere Anzahl von Stationen verteilt werden müssen. Eine Begrenzung der Änderung auf wenige Stationen ist nur in Ausnahmefällen möglich. Allerdings kann es vorteilhaft sein, bei nur vorübergehenden Stückzahlreduzierungen, einen erhöhten Taktausgleich in Kauf zu nehmen und die bisherige Abtaktung unverändert weiter zu benutzen, um die Umstellungsaufwände zu vermeiden.

Vorübergehende Stückzahlerhöhungen können eventuell unter Nutzung der bisherigen Abtaktung mit Überstunden bzw. Sonderschichten überbrückt werden.

Als Zielfunktion wäre aufgrund der Aufgabenstellung die vereinfachte Kostenfunktion (10) angemessen. Die darin enthaltenen Kapitalkosten können jedoch, wie gezeigt, ausgeklammert und in einer Wirtschaftlichkeitsrechnung unter Berücksichtigung der erzielten Abstimmungsergebnisse getrennt bewertet werden. Dadurch ist eine Reduzierung auf eine Zeitoptimierung nach Gleichung (11) möglich. Die Ermittlung des in dieser Gleichung enthaltenen Terms Tu_{si} ist jedoch schwierig. Es gibt in der Industrie zwar entsprechende Erfahrungswerte für eine Umstellung allgemein, es ist ebenfalls möglich, die erwarteten Umsetzkosten für eine neue Leistungsabstimmung zu ermitteln, es ist aber gegenwärtig nicht möglich, teilverrichtungsbezogene Kostenwerte bereitzustellen, auf die ein Verfahren seine Zuteilungsstrategie abstimmen könnte.

Allerdings kann es sinnvoll sein, die Tätigkeiten zu klassifizieren in:

- Teilverrichtungen, die an eine stationäre Vorrichtung gebunden sind,
- Teilverrichtungen, die Material benötigen und
- Teilverrichtungen, die keinen derartigen Einschränkungen unterliegen

und in Leistungsabstimmungen unter Beibehaltung der Zuordnung von Teilverrichtungen der ersten beiden Kategorien.

Für jede der Abstimmungen kann dabei die einfache Zeit-Zielfunktion (15) benutzt werden. Für die jeweiligen Ergebnisse sind die erwarteten Gesamtumrüstkosten zu bestimmen. Empfehlenswert ist die Lösung, die die Zielfunktion (10) am besten erfüllt, allerdings muß bei Stückzahlreduzierungen ebenfalls geprüft werden, ob die Umrüstkosten geringer sind als die durch die Neuabstimmung erzielten Personaleinsparungen:

$$N_{si}\ Ta_{si}\ M_{si} + Tu_{si} < N_{si}\ Ta_{si}\ M_{s(i-1)} \qquad (17)$$

$$Tu_{si} < N_{si}\ Ta_{si}\ (M_{s(i-1)} - M_{si}) \qquad (18)$$

Anderenfalls wäre es günstiger, die bestehende Zuordnung trotz erhöhter Taktausgleichszeit zu belassen.

2.4.3 Umplanung wegen kurzfristiger Personalkapazitätsschwankung

Aufgrund von kurzfristigen - häufig erst bei Arbeitsbeginn feststellbaren - Personalkapazitätsschwankungen müssen in den Montagebereichen täglich bzw. schichtweise die anwesenden Arbeitskräfte den Arbeitsplätzen zugeordnet werden.

Sofern nicht durch geeignete Maßnahmen des Werkstattführungspersonals, wie z.B. Austausch von Werkern zwischen den Arbeitsgruppen, Meisterbereichen etc., ein kurzfristiger Abgleich erzielt werden kann, ist es nicht möglich, das System in der vorgesehenen Weise zu betreiben.

Notwendig - wenn auch bisher nur in Ausnahmefällen möglich - wäre eine sofortige Umplanung des Systems unter Vermeidung von Umrüstaufwänden, da vorübergehende Material-, Werkzeug- und Vorrichtungsumstellungen zur Überbrückung nicht realisierbar und wirtschaftlich meist nicht vertretbar sind. Als Zielfunktion ist somit Gleichung (15) sinnvoll einsetzbar. Das Vermeiden von Umrüstaufwänden wird dabei als Bedingung verstanden, die Teilverrichtungen mit Material-, Werkzeug- bzw. Vorrichtungsbedarf am selben Ort zu belassen.

2.4.4 Produktänderungen, Aufgabenverlagerungen und Varianten eines Produkts

Neben den in den Kap. 2.4.1 und -.2 aufgeführten vollständigen Neu- bzw. Umplanungen treten jedoch Situationen auf, in denen Änderungen auf wenige Stationen beschränkt werden sollten. In der betrieblichen Praxis wird versucht, Produktänderungen auf besondere Anlässe, z.B. den jährlichen Modellwechsel, zu konzentrieren, um den Umstellungsaufwand so gering wie möglich zu halten. Dies läßt sich jedoch nicht immer durchsetzen, so daß ab und zu auch während einer Modellaufzeit einzelne Änderungen vorgenommen werden müssen. Gleiches trifft für Aufgabenverlagerungen, wenn einzelne Tätigkeiten - z.B. Vormontagen - anderen Betriebsabteilungen zugeordnet werden, ebenso zu, wie für die Einplanung von Produktvarianten.

Charakteristisch für die dadurch entstehende Situation ist, daß die bisherige Lösung bis auf wenige Stationsbereiche nach wie vor einsetzbar ist, aber an einzelnen Stationen gravierende Über- bzw. Unterlastungen aufweist. Wenn in diesem Fall durch eine auf einen bzw. auf wenige Stationsbereich(e) beschränkte Änderung ein vergleichbar gutes Ergebnis wie durch eine völlige Neuplanung erzielt werden kann, so rücken die mit diesen beiden Lösungsansätzen verbundenen Umstellaufwände in den Vordergrund. Diese sind aber bei punktuellen Änderungen mit großer Sicherheit geringer als bei einer umfassenden Neuzuordnung. Das Ziel ist in diesem Fall keine der in Kap. 2.2 genannten Funktionen, sondern die Minimierung der Umrüstkosten. Dies wird, da Umrüstkosten wie in Kap. 2.4.2 bereits erläutert, im Detail normalerweise nicht bekannt sind, über eine Minimierung der Anzahl der von der Umplanung betroffenen Stationen angenähert.

Für diese Optimierungsaufgabe sind die bisher bekannt gewordenen heuristischen Ein- oder Mehrwegverfahren nicht geeignet.

2.4.5 Ein- und Umplanungen bei losweiser Montage

Die Leistungsabstimmung bei losweiser Montage kann, wie von Görke in seiner Dissertation /45/ gezeigt, in der Regel auf mehrere Einmodellfälle reduziert werden. Allerdings muß dabei beachtet werden, ob das System bei Loswechsel umgerüstet werden muß. In diesem Fall entsprechen die Rahmenbedingungen denen einer erneuten Einplanung infolge Stückzahländerung, so daß die Aussagen des Kap. 2.4.2 übertragbar sind. Soll eine Umrüstung dagegen vermieden werden, so treffen die in Kap. 2.4.3 gemachten Aussagen über die Umplanung wegen kurzfristiger Personalkapazitätsschwankung zu.

2.4.6 Ein- oder Umplanungen bei gemischter Mehrmodellmontage

Die Leistungsabstimmung einer gemischten Mehrmodellmontage ist nicht Bestandteil der Aufgabenstellung dieser Arbeit und wird daher ausgeklammert. Görke zeigt jedoch in seiner Dissertation auf, daß diese komplexe Aufgabenstellung in manchen Fällen auf die Einplanung eines repräsentativen durchschnittlichen Produktes, bzw. eine auf eine größere Basis, z.B. Schichtzeit, kumulierte Aufgabe reduziert werden kann. In diesem Fall ist die Ein- bzw. Umplanung wie beim Einmodellfall möglich.

2.5 Ergebnisse der Leistungsabstimmung

Nur wenige wissenschaftliche Arbeiten über die Leistungsabstimmung befassen sich mit der Frage, in welcher Art die Ergebnisse sinnvoll dokumentiert bzw. ausgewertet werden können. Zu den wenigen Ausnahmen zählen die Grundlagenarbeit von Lentes und Görke /10,12,36/ und die Ergänzungen des Autors /15/.

Das Resümee beider Arbeiten ist, daß für die Arbeitsvorbereitung eine möglichst knappe Zusammenfassung der Ergebnisse mit ergänzenden statistischen Auswertungen sinnvoll ist, während für die Werker der Montagesysteme ausführliche Montageanleitungen, ergänzt um wenige statistische Kennzahlen, notwendig sind.

Spezielle Auswertungen des Ergebnisses sind für weitere Betriebsbereiche, wie z.B. das innerbetriebliche Transportwesen, sinnvoll, aber bisher nicht üblich.

3 Praxiseinsatz eines rechnergestützten Leistungsabstimmungssystems

Das rechnergestützte Leistungsabstimmungsverfahren POLEM /10/ wurde in zwei Unternehmen eingeführt und dort zur Leistungsabstimmung von zahlreichen Montagelinien eingesetzt. Darüber hinaus wurden für mehrere Unternehmen Pilotanwendungen durchgeführt. Dadurch konnten Erfahrungen aus vielen Anwendungsfällen gesammelt werden. Charakteristische Einsatzfälle waren:

- Großserienmontage von
  - o Elektrohaushaltsgeräten,
  - o Sprühgeräten,
  - o Dieselmotoren,

- Mittelserienmontage von
  - o Kraftfahrzeugen (Rohbau und Endmontage),
  - o Benzinmotoren,
  - o Baugruppen von Kraftfahrzeugen,

- Kleinserienmontage von
  - o Druckmaschinenbaugruppen,
  - o Landmaschinenbaugruppen,
  - o Flurförderzeugen,

- sonstige
  - o Lackieren.

Das eingesetzte Verfahren wurde von Lentes und Görke /10, 36/ beschrieben und ein Fallbeispiel wurde von Lentes und Auwärter /37/ ausführlich dokumentiert.

Da die Vorgehensweisen und Umfeldbedingungen für Pilotanwendungen durch Institutsmitarbeiter und Einsatz des Verfahrens durch Mitarbeiter der werksinternen Arbeitsvorbereitung nicht identisch sind, werden diese beiden Einsatzfälle im folgenden getrennt analysiert.

3.1 Pilotanwendungen

Für Pilotanwendungen des Programmsystems war folgende Vorgehensweise typisch:

Schritt 1: Firmenseitig wurde eine Aufgabe definiert, die aus ca. 100 bis 300 Teilverrichtungen besteht. Es werden Arbeitspläne mit Teilverrichtungen und deren Vorgabezeiten zur Verfügung gestellt und mehrere Produktionsraten genannt, für die Abstimmungen gewünscht werden.

Schritt 2: Gemeinsam mit Firmenmitarbeitern wurden Produktionsaufgabe, Montagesystem und Umfeld analysiert, für das Programmsystem abgebildet und die Eingabedaten zusammengestellt.

Schritt 3: Mit diesen Daten wurden institutsseitig mehrere Leistungsabstimmungen durchgeführt.

Schritt 4: Die Lösungen werden von der Firma analysiert. Unter Umständen werden Verbesserungs- oder Ergänzungswünsche angemeldet. Diese werden für das Programmsystem abgebildet. Danach wird Schritt 3 wiederholt.

Schritt 5: Gemeinsame Bewertung der Ergebnisse.

In zehn Fallbeispielen, in denen diese Vorgehensweise angewandt wurde, zeigte sich, daß neben einmalig auftretenden Problemen, die an dieser Stelle vernachlässigt werden sollen, eine Reihe von Situationen wiederholt angetroffen wurde, so daß ein grundlegendes Interesse an deren Diskussion, bzw. an der Lösung der sich dahinter verbergenden Probleme, erwartet wird. Daneben soll aber auch auf die Bedingungen hingewiesen werden, die von dem Verfahren sicher beherrscht wurden.

Zu letzteren gehört die Reihenfolgebeziehung, in der die einzelnen Teilverrichtungen einer Montageaufgabe zueinander stehen. Diese konnte in der Regel genügend genau in Vorranggraphen wiedergegeben werden, jedoch war es insbesondere am Beginn und am Ende des Vorranggraphen häufig erforderlich, Leerelemente einzufügen, da POLEM nur maximal fünf direkte Vorgänger bzw. fünf direkte Nachfolger je Teilverrichtung zuläßt.

Der Einfluß des Montagesystems konnte insbesondere über die Klassifizierung der Teilverrichtungen berücksichtigt werden, jedoch traten Unzulänglichkeiten auf, bei der gleichzeitigen Berücksichtigung unterschiedlicher systembedingter Nebenzeiten. Dieses Problem trat insbesondere bei heterogenen Montagesystemen auf, wenn z.B. entkoppelte (stationäre) in einem Zwangstakt intermittierende und kontinuierliche Bewegungen der Werkstücke innerhalb eines Arbeitssystems vorlagen. Ein ähnliches Problem trat auch bei Parallelstationen auf, wo entsprechend der jeweiligen Konstellation manche der Zusatzzeiten mehrfach, andere wiederum nur einfach zu berücksichtigen sind.

Mehrmannstationen konnten über die Festlegung von "Simultan-Teilverrichtungen" oder über eine entsprechende Zonenzuordnung der Teilverrichtungen berücksichtigt werden. Inhaltlich zusammengehörende Vorgangsfolgen wurden über "Folgeteilverrichtungen" zu Blöcken zusammengefaßt. Für das Programmsystem traten jedoch unlösbare Konflikte auf, wenn "Simultan-Teilverrichtungen" und "Folgeteilverrichtungen" sich widersprechende Forderungen an das Verfahren richteten. Diese konnten teilweise nur dadurch beseitigt werden, daß auf jeweils eine der beiden Kennzeichnungen in der Umgebung der Konfliktstelle verzichtet wurde.

Als äußerst hilfreich erwies sich die Möglichkeit des Verfahrens, Vorranggraphen auf logische Fehler hin zu untersuchen, da bei fast jedem neu erstellten Vorranggraphen mehrere Reihenfolgebeziehungen unzulänglich festgelegt wurden.

In fast allen Fällen wurde eine Minimierung der Mannzahl bei vorgegebener Zeit gefordert. Eine Minimierung der Taktzeit bei vorgegebener Mannzahl wurde - wenn überhaupt - erst in einem zweiten Schritt erwartet, nachdem eine Lösung mit akzeptabler Mannzahl bereits erreicht war, aber eine noch gleichmäßigere Verteilung der Stationszeiten gewünscht wurde. Dies wurde erreicht, indem mit reduzierten Taktzeiten weitere Abstimmungen durchgeführt wurde.

Für die ersten Ergebnisse, die mit einem neuen, von logischen Fehlern bereinigten Datensatz erzielt wurden, war die in Bild 9 gezeigte Situation typisch:

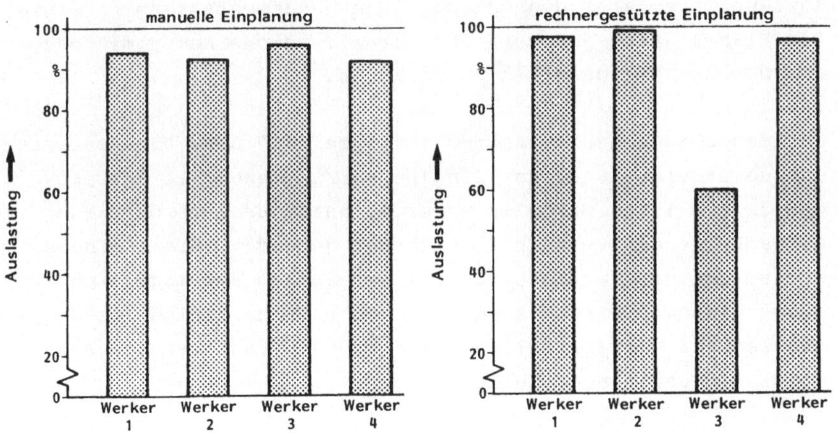

Bild 9: Gegenüberstellung von typischen manuellen bzw. rechnergestützten Ergebnissen

Mit der rechnergestützten Leistungsabstimmung konnte über große Linienbereiche hinweg eine Lösung erzielt werden, die besser war, als die manuell erzielte. Allerdings traten punktuell Stationen auf, die völlig unzureichend ausgelastet waren, so daß die manuelle Lösung insgesamt deutlich besser war.

Eine Analyse der Problemstellen ergab, daß das Verfahren an diesen Punkten in der Regel keine Möglichkeit besaß, eine bessere Lösung zu finden. Charakteristisch hierfür war, daß zwar Teilverrichtungen aufgrund der Vorrangbeziehungen und ihrer Vorgabezeiten hätten zugeteilt werden können, jedoch aufgrund unverträglicher Zonenbeschränkungen diese Möglichkeit verhindert wurde. Eine Überprüfung der manuellen Lösung ergab in solchen Fällen, daß diese den für das Rechnerprogramm festgelegten Daten widersprachen, d.h. Teilverrichtungen trotz definierter "Unverträglichkeit" zusammengefaßt worden waren. Eine Befragung der verantwortlichen Planer ergab, daß die dem Programmsystem zur Verfügung gestellten Eingabedaten korrekt waren, aber bei der manuellen Lösung eine zwar unerwünschte, aber dennoch mögliche Zusammenfassung erfolgte. Die Planer waren jedoch nicht bereit, solche Kompromißlösungen dem Rechner generell zu erlauben.

Nachdem dem Rechnerverfahren im Einzelfall über eine entsprechende Erleichterung der Eingaberestriktionen die entsprechende Zuteilung ermöglicht wurde, hat dieses in der Regel im nächstfolgenden Versuch eine Lösung gefunden, die zumindest ebenso gut war, wie die manuell erreichte. Bei komplexen Problemstellungen waren jedoch u.U. mehrere derartige Iterationsschritte erforderlich, um mehrere derartiger Schwachstellen nacheinander zu beseitigen.

Außer der geschilderten Erleichterung der Zonenenbeschränkungen wurden von den Planern folgende weitere Maßnahmen eingesetzt um sowohl die manuellen als auch die rechnerunterstützt erarbeiteten Lösungen zu verbessern:

- gezieltes Hinzunehmen bzw. Weglassen von Vormontagetätigkeiten,
- nur zweitweises Besetzen einzelner Stationen,
- Splitten von Teilverrichtungen,

- Einengung der Freiheitsgrade der Reihenfolgebeziehung,
- Zusammenfassen von Teilverrichtungen entgegen den vorliegenden (gewünschten) Reihenfolgebeziehungen.

Da für mehrere vorgegebene Taktzeiten Lösungen erzielt werden sollten, die o.g. Maßnahmen jedoch nicht notwendigerweise für alle Konstellationen in gleicher Weise sinnvoll waren, bestand in manchen Fällen die Notwendigkeit, situationsbezogen angepaßte Datensätze zu akzeptieren. Dies bedeutet, daß es nicht immer möglich war, einen Datensatz zu definieren, der für alle Taktzeiten ein gleichmäßig gutes Ergebnis sicherstellte.

Wesentlich war, daß die Fallbeispiele mit POLEM gelöst werden konnten. Charakteristisch war jedoch ein Iterationsprozeß zur Lösungsfindung, bei dem die auftretenden Schwachstellen der Ursprungslösungen und der Datensätze von den Beteiligten analysiert und beseitigt wurden.

3.2 Implementationen des Programmsystems

Eine etwas andere Vorgehensweise wurde von den Firmen eingesetzt, die POLEM in der Arbeitsvorbereitung benutzten:

Schritt 1: Von einem Planer wurde die Montageaufgabe analysiert und insbesondere die Teilverrichtungen festgelegt und deren Zeiten bestimmt.

Schritt 2: Der Planer erstellte die Eingabedatensätze, bzw. füllte entsprechende Formulare aus, die von Datentypisten eingegeben wurden.

Schritt 3: Der Planer ruft für eine vorgegebene Taktzeit Lösungen ab. Die betriebliche Organisationsabteilung führt den entsprechenden Rechnerlauf während der Nacht durch.

Schritt 4: Der Planer holt sich die Rechnerausdrucke ab (frühestens am nächsten Arbeitstag) und überprüft sie. Sofern Datenfehler vorlagen, konnte das Programm keine Lösung generieren. Er muß in diesem Fall die Fehler suchen, korrigieren und erneut eine Lösung abrufen (Schritt 3).

Schritt 5: Bei fehlerfreien Datensätzen kann er die Lösung überprüfen. Da insbesondere bei komplexen Datensätzen die Wahrscheinlichkeit , daß Engpässe, wie im vorangegangenen Kapitel geschildert, auftreten, sehr groß war, mußte häufig eine Schwachstellenanalyse durchgeführt werden und das Programm mit geänderten Daten erneut gestartet werden (Schritt 3).

Schritt 6: Nachdem eine akzeptable Lösung gefunden war, wurde das Ergebnis mit den Vorarbeitern, dem Meister und eventuell mit dem Betriebsrat abgestimmt. Unter Umständen war danach ein erneuter Programmlauf erforderlich (Schritt 3).

Kennzeichnend war, daß, wie bei der Pilotanwendung, häufig zwei oder gar mehrere Iterationsschritte notwendig waren, um ein gutes Ergebnis zu erzielen. Die auftretenden Probleme und die möglichen Verbesserungsmaßnahmen waren dieselben, die im vorigen Kapitel geschildert wurden.

Diese Situation war allerdings in vielerlei Hinsicht nicht befriedigend. Zwar konnte der Arbeitsaufwand eines Planers zur Durchführung einer Abtaktung im Vergleich zur manuellen Vorgehensweise signifikant gesenkt werden /37/, jedoch benötigte die iterative Vorgehenswese und die organisationsbedingten Zeitverluste von ein bis zwei Tagen je Iterationsschritt eine sehr lange Zeit vom Beginn der Abtaktungsversuche bis zum Vorliegen einer befriedigenden Lösung. Häufig standen die Planer vor der Frage, innerhalb von zwei Tagen unter erheblichem Aufwand eine Lösung manuell zu erzeugen oder rechnerunterstützt mit einem Aufwand von einem halben bis einem Tag, jedoch mit dem Risiko, über ein akzeptables Ergebnis möglicherweise erst nach einer Woche zu verfügen.

Da die Daten zur Ergebnisverbesserung wiederholt verändert wurden, war eine Mutation der Datensätze feststellbar, so daß diese im Laufe der Zeit immer weniger die tatsächlich vorliegenden Einflußgrößen und Bedingungen widerspiegelten. Nach spätestens vier Jahren war daher eine Neuerstellung des Vorranggraphen erforderlich.

Weitere Probleme traten bei besonders großen Datensätzen auf:

- der Rangwert erzielte Größenordnungen, die im Rechner nicht mehr dargestellt werden konnten, wodurch u.a. Teilverrichtungen, denen vom Programm gezielt "höchste" Priorität zugemessen wurde, relativ niedrige Werte erhielten.

- der Algorithmus, der den Vorranggraphen auf logische Fehler hin untersuchte, erwies sich als zu rechenzeitintensiv.

4 Verfahrensentwicklung

Die Diskussion der vorhandenen Verfahren, der Grundlagen und der Praxisanforderungen zeigt, daß das Problem, ein auf breiter Basis von den Betrieben einsetzbares Verfahren zur Leistungsabstimmung von Montagesystemen zu schaffen, nach wie vor ungelöst ist, trotz großer Fortschritte, die mit umfangreichen Programmsystemen, wie POLEM, einerseits und mit einfachen, im Dialog arbeitenden Verfahren, andererseits erreicht wurden.

Im folgenden werden daher die für ein solches Verfahren ermittelten Anforderungen zusammengestellt.

4.1 Zusammenfassung der Anforderungen

In Kapitel 2 wurden die Grundlagen der Leistungsabstimmung diskutiert, bzw. auf relevante Literatur verwiesen. Es zeigte sich, daß eine möglichst allgemeingültige Lösung des Problems eine sehr sorgfältige Modellbildung voraussetzt. Um diese zu ermöglichen wurde in der linken Spalte der Bilder 10 und 11 die erkannten Einflußgrößen der Leistungsabstimmung, gegliedert nach dem Gegenstandsbereich, den Zielen, den Einsatzfällen und den Ergebnissen zusammengestellt.

Darüber hinaus wurde eine Reihe von EDV-technischen Voraussetzungen erkannt, die für den späteren Praxiseinsatz von Bedeutung sind. Diese sind in der linken Spalte von Bild 12 dargestellt.

	Einflußgröße	Abbildung	Aufgabe des Rechners	Aufgabe gemeinsam	Aufgabe des Planers
Montageaufgabe	Unterteilbarkeit	Teilverrichtung	■	●	
	Reihenfolgebeziehung	Vorranggraph	■	●	
	Rüstzeitanteile	Zeitzugaben	■	●	
	Tätigkeitsblöcke	Folge-Kennzeichnung	■	●	
	Vorzugsreihenfolge	Folge-Kennzeichnung	■	●	
	Hilfestellung	Simultan-Kennzeichnung	■	●	
	Fülltätigkeiten	Definierte Tätigkeiten		●	
	Verlagerungen	Sperren von Tätigkeiten		●	
	Besonderheiten	-		●	
Montagesystem	Zusammenfaßbarkeit	1. Klassifizierungsebene	■	●	
	Lohngruppenzusammenfassung	2. Klassifizierungsebene	■	●	
	Stationsbindung	Muß-Station	■	●	
	Parallelstation	Parallel-Kennzeichnung	■	●	
	Werkergruppen	Parallel-Kennzeichnung	■ 1	●	
	Mehrmannstationen	1. Klassifizierungsebene	■ 1	●	
	Montagesystembedingte Tätigkeiten	Zeitzugaben	■	●	
	Kreuzende Fertigungsflüsse	-		●	
	Werker mit mehreren Arbeitsplätzen	Klassifizierung von Stationen		●	
	Zuordnungsabhängige Tätigkeitszeit	-		●	

Legende:
■ entsprechend POLEM
● Erweiterung gegenüber POLEM
1 eingeschränkt möglich

Bild 10: Abbildung des Gegenstandsbereichs für INTAKT

		Einflußgröße, Kriterien	Berücksichtigung (Abbildung)	Aufgabe des Rechners	Aufgabe gemeinsam	Aufgabe des Planers
Einsatzfälle	Ursachen	Erste Einplanung	Min. Taktausgleich, Neuzuordnung	■	●	
		Stückzahländerung	Min. Taktausgleich, Neuzuordnung	■	●	
		Personalkapazitäts-schwankung	Min. Änderungen, Zusammenfassen bzw. Splitten von Stationen		●	
		Änderung Aufgabe	Punktuelle Änderungen, Verschieben einzelner Teilverrichtungen		●	
	Varianz der Aufgabe	Einmodellfall	Normalfall	■	●	
		Losweiser Mehrmodellfall	Mehrere Einmodellfälle oder	■	●	
			Kombination von Ergebnis A mit Datensatz B	●	●	
		Gemischter Mehrmodellfall	Verdichten der Daten auf Schichtbasis	●[1]	●[1]	■
Ergebnisse		Zuordnungsübersicht	-	■		
		Auslastungsdiagramm	-	■		
		Statistik	-	■		
		Montageplan	-	■		
		WZ-Übersicht	-	■[2]		
		Materialübersicht	-	■[2]		

Legende:
- ■ entsprechend POLEM
- ● Erweiterung gegenüber Polem
- 1 bedingt möglich
- 2 zur Zeit noch nicht möglich

Bild 11: Einsatzfälle und Ergebnisse für INTAKT

4.2 Die Abbildung der Einflußgrößen im Programmsystem

In der zweiten Spalte der Bilder 10 und 11 ist die Abbildung der Einflußgrößen im Programmsystem INTAKT aufgezeigt. Bei dieser Modellbildung wurde weniger Wert auf eine möglichst exakte Abbildung der Einzelgesichtspunkte, sondern auf eine möglichst umfassende Darstellung der auftretenden Einplanungssituationen und somit der jeweiligen Gesamtheit der Einflußgrößen gelegt. Die Montageaufgabe wird dabei repräsentiert durch eine Menge von Teilverrichtungen, die in einen Vorranggraphen eingebunden sind, denen Zeitzugaben, Folge- und Simultankennzeichnungen zugeordnet sind. Änderungen in der Montageaufgabe können bei der Einplanung über das Hinzufügen bzw. Sperren von Teilverrichtungen und Zeitzugaben berücksichtigt werden.

Anforderung	Maßnahmen
Schnelle Ergebnisverfügbarkeit	Kurze Interaktionszyklen des Verfahrens
Minimierung der Steuerinformation	Voreinstellungen, Zusammenfassen von Einzelfunktionen zu Funktionsblöcken
Übersichtlichkeit	Eindeutige Definitionen Einheitliche Maskengestaltung Bildschirmweise Ein- und Ausgabe Vielseitige Informationsmöglichkeiten Anzeige aller Eingabemöglichkeiten
Betriebssicherheit	Sicherung von Zwischenergebnissen Restartmöglichkeit
Vermeidung von Eingabefehlern	Alphabetische Interpretation der Zeichen Anzeige von alten und neuen Werten

Bild 12: EDV-seitige Benutzeranforderungen und deren Umsetzung in INTAKT

Die Situation von Mehrmannstationen kann, wie in Bild 13 gezeigt, in der Regel durch ein Zusammenwirken von Vorrangbeziehung und Klassifizierung der Teilverrichtungen genügend genau repräsentiert werden.

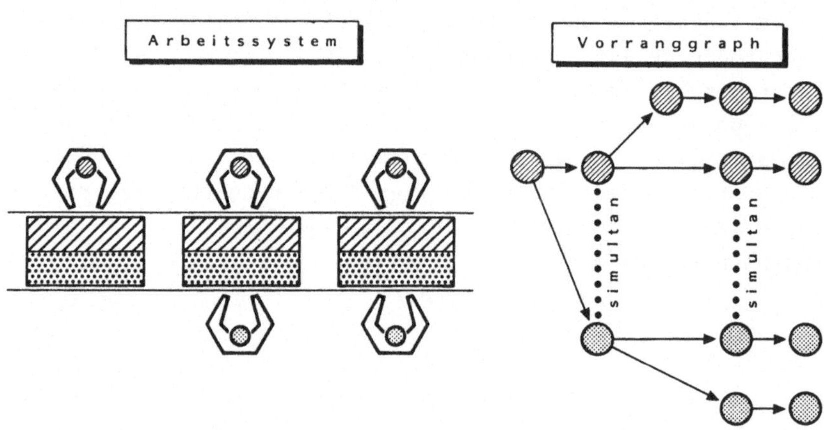

Bild 13: Die Abbildung von Mehrmannstationen in INTAKT

Da in Kapitel 2 gezeigt werden konnte, daß das Ziel der Leistungsabstimmung in der Regel auf eine Zeitoptimierung reduziert werden kann, wurde diese als Zielfunktion implementiert. In den Ausnahmefällen, in denen eine Kostenoptimierung sinnvoll ist, sind, wie gezeigt, punktuelle Wirtschaftlichkeitsrechnungen ausreichend. Sofern trotz arbeitswissenschaftlicher Vorbehalte eine Reduzierung der Lohnkosten über eine Kumulation von Tätigkeiten gleicher Arbeitswerte bzw. gleicher Lohngruppenzuordnung gewünscht wird, so kann dies über eine entsprechende Klassifizierung den Teilverrichtungen und eine entsprechende Steuerung der Zuteilung erzielt werden. Dadurch konnte erreicht werden, daß Datensätze generell frei von Kostendaten bleiben können. Dies vereinfacht die Datenerfassung und erleichtert die Akzeptanz des Verfahrens bei den Benutzern.

In Bild 11 ist ebenfalls aufgezeigt, daß im Verfahren mehrere Lösungsstrategien möglich sind, die auf die unterschiedlichen Aufgabenstellungen zugeschnitten sind. Insbesondere werden punktuelle Anpassungen bereits vorhandener Ergebnisse möglich, wodurch sich bestimmte Umplanungen lokal beschränken lassen, wie im Bild 14 dargestellt.

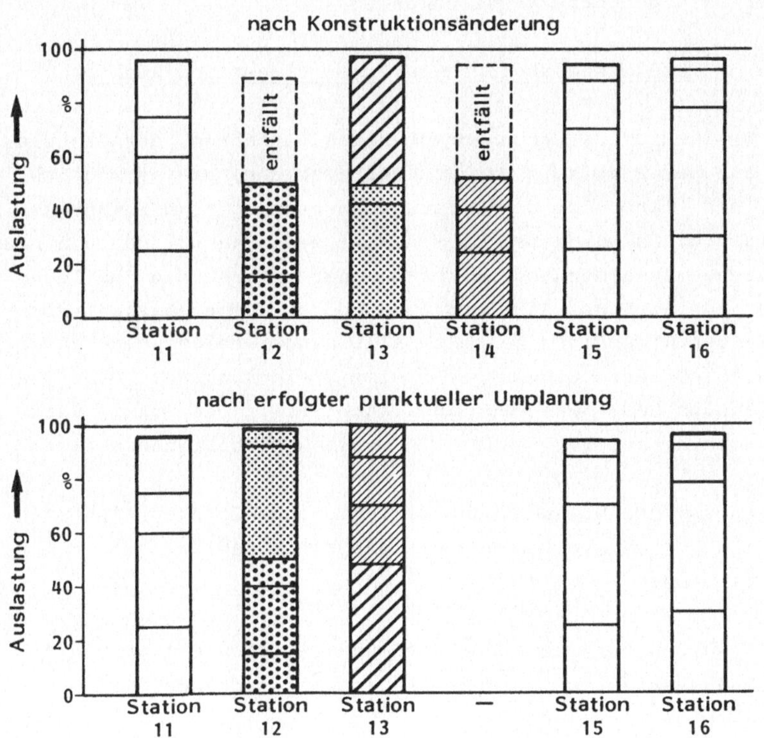

Bild 14: Lokal begrenzte Umplanungen infolge Konstruktionsänderungen

Losweise Mehrmodellmontagen sind, wie im Kapitel 2.4.5 beschrieben, in der Regel Einmodelleinplanungen vergleichbar. Entsprechend der Aufgabenstellung können entweder unabhängige Einplanungen durchgeführt oder das Ergebnis einer Einplanung als Ausgangslösung für punktuelle Anpassungen für weitere Modelle benutzt werden.

Die EDV-seitigen Anforderungen werden insbesondere dadurch erfüllt, daß alle für den Einsatz des Verfahrens notwendigen Informationen auf permanenten Speichermedien verwaltet werden. Da alle Eingabeinformationen grundsätzlich alphanumerisch interpretiert werden, ist ein Programmabsturz infolge einer Falscheingabe ausgeschlossen.

4.3 Die Arbeitsteilung zwischen Planer und Rechner

Die Diskussion der rechnergestützten Verfahren, der Grundlagen und der Praxiseinsatz von POLEM zeigen, daß es möglich ist, den Planer bei der Leistungsabstimmung signifikant zu entlasten. Es wurde bei diesen Analysen erkannt, daß ein maßgeblicher Zusammenhang zwischen einer umfassenden Abbildung aller auftretenden Einflußgrößen und der Umsetzbarkeit der erzielten Ergebnisse besteht. Allerdings bedingt jede zusätzlich abgebildete Einflußgröße eine Steigerung des Umfangs des Verfahrens und - was die Einsetzbarkeit in der Praxis weit mehr beeinträchtigt - auch ein Mehr an Eingabeinformation.

Außerdem wurde erkannt, daß Situationen auftreten, in denen Zuordnungen sinnvoll sind, die den Eingabeinformationen widersprechen.

Daher wurden für die Arbeitsteilung zwischen Planer und Abstimmungsverfahren folgende Prämissen festgelegt:

- Dominanz des Planers über das Verfahren,
- uneingeschränkte Eingriffsmöglichkeiten,
- weitgehende Abbildbarkeit einer Einplanungsaufgabe,
- Arbeitsteilung zwischen Planer und Rechner situationsbedingt, nicht verfahrensbedingt.

Die letzte dieser Aussagen bedeutet, daß nicht das Verfahren die Arbeitsteilung bestimmen soll, sondern daß dieses so umfassend das Problem abdecken kann, daß der Planer über die Detaillierung der Eingabedaten diese Entscheidung implizit treffen kann. Dadurch wird es möglich, selten eingesetzte Datensätze sehr grob zu belassen und die Zuordnung weitgehend durch den Planer selbst durchzuführen, oder aber mit demselben Verfahren bei häufig benötigten Datensätzen, diese so exakt zu definieren, daß ein Maximum an Unterstützung durch das Verfahren ermöglicht wird.

Übertragen auf die Montageaufgabe bedeutet dies, daß die Aufgabe umfassend im Verfahren abgebildet werden kann, jedoch der Planer über die Funktion "Definieren von Teilverrichtungen", "Sperren von Teilverrichtungen", bzw. über die Möglichkeit, Teilverrichtungen auch entgegen der Vorrangbeziehung zuzuteilen, in der Lage ist, seinen ihm zur Verfügung stehenden erweiterten Entscheidungsspielraum zu nutzen. Beschränkt sich der Planer auf die Eingabe der Mindestinformation,

- die Taktzeit,
- die einzelnen Teilverrichtungen,
  . mit Nummern,
  . mit Bezeichnungen (Texten),
  . mit Vorgabezeiten,

so hat dies zur Konsequenz, daß er alle Zuteilungsentscheidungen selbst trifft und auch die Verträglichkeit der Zusammenfassungen selbst überwacht. Der Rechner summiert lediglich die Vorgabezeiten zu den jeweiligen Stationszeiten auf und warnt vor eventuellen Taktüberschreitungen. Es ist offensichtlich, daß über erweiterte Eingabeinformationen, z.B. Vorranggraph, Zeitzugaben, Folge- und Simultankennzeichnungen oder auch durch eine Berücksichtigung von Montagesystemeigenschaften über die Klassifizierung der Teilverrichtungen, Stationszuordnungen, Parallelstationen und montagesystembedingte Zeitzugaben die Unterstützung des Planers durch den Rechner erheblich gesteigert werden kann. Allerdings können bestimmte Besonderheiten wie z.B. Werker mit mehreren Arbeitsplätzen, sich überkreuzende Fertigungsflüsse und zuordnungsabhängige

Vorgabezeiten nur über Eingriffe des Planers berücksichtigt werden.

In bezug auf die möglichen Einsatzfälle der Leistungsabstimmung ist die Unterstützung des Planers durch das Verfahren immer dann umfangreich, wenn besonders aufwendige Aufgaben anstehen, d.h. wenn vollständig neue Lösungen erarbeitet werden müssen. Demgegenüber ist insbesondere bei lokal begrenzten Änderungen die Zuordnungsentscheidung beim Planer, während der Rechner jede Zuordnung im Rahmen der ihm zur Verfügung stehenden Eingabeinformation auf Plausibilität überprüft und ggf. Warnungen ausgibt. Da die Entscheidung des Planers dominiert, ist es ihm möglich, seine Entscheidungen auch entgegen den Warnungen des Rechners zu treffen.

Die Ausgabe der Ergebnisse erfolgt demgegenüber rechnergestützt, ohne Eingriffsmöglichkeiten durch den Planer.

4.4 Die angepaßte Zuteilungsstrategie

4.4.1 Das Zuteilungsproblem bei der interaktiven Leistungsabstimmung

In Kapitel 1.3.3 wurde gezeigt, wie uneinheitlich die Vorteilhaftigkeit verschiedener Leistungsabstimmungsverfahren beurteilt wird. Hauptursache für die dabei auftretenden Divergenzen sind insbesondere ungeeignete, d.h. praxisfremde, häufig willkürlich festgelegte Testprobleme, die als "Prüfsteine" für die untersuchten Verfahren benutzt wurden. Da die Mehrzahl der rechnergestützten Verfahren ohnehin nur lückenhaft das Leistungsabstimmungsproblem abbildet, sind die Ergebnisse dieser Vergleiche auch aus dieser Sicht nur bedingt aussagekräftig.

Für das entwickelte interaktive Verfahren stellte sich das Problem, daß zwar eine leistungsfähige Zuteilungsstrategie zur Verfügung stand, die das von Hahn aus dem Positionswert /19/ abgebildete Rangwertverfahren /28, 46/, wie von Lutz /9/

gezeigt, in das von Tonge entwickelte lernende Verfahren /29/ integrierte, daß dieses Verfahren jedoch nicht übernommen werden konnte. Die Leistungsfähigkeit des Rangwert- und des lernenden Verfahrens war von Hahn bzw. von Lutz anhand praxisrelevanter Fallbeispiele nachgewiesen worden. Diese Ergebnisse wurden, wie in Kapitel 3 gezeigt, auch im Praxiseinsatz bestätigt.
Da das lernende Verfahren sehr rechenzeitintensiv ist - es generiert ja eine Vielzahl von Lösungen - ist es für den Einsatz in einem interaktiven Verfahren, bei der die Rechenzeit nicht in die Nacht verlegt werden kann, ungeeignet. Außerdem würden die zu erwartenden langen Wartezeiten am Bildschirm dem Planer nicht zugemutet werden können. Daher mußte für das interaktive Verfahren eine Zuteilungsstrategie entwickelt werden, die bei kurzer Rechenzeit eine möglichst gute Basislösung generiert, die der Planer durch gezielte Eingriffe - vergleiche Kapitel 3 - optimieren kann.

4.4.2 Die untersuchten Prioritätsregeln

Die für das interaktive Verfahren zu entwickelnden Prioritätswerte sollten dabei insbesondere einige erkannte Unzulänglichkeiten des bei POLEM eingesetzten lernenden Verfahrens vermeiden:

- die Rangwertregel führt bei sehr großen Vorranggraphen mit starken Vernetzungen zu numerischen Problemen, da der berechnete Prioritätswert über der Anzahl der Verzweigungen exponentiell steigt;

- Leerelemente, die in bestimmten Situationen eingefügt werden müssen, verfälschen den Prioritätswert der Maximalen Vorgabezeitregel;

- unverträgliche Zonenzuordnungen benachbarter Teilverrichtungen, die, wie in Kapitel 3 gezeigt, häufig eine gute Stationsauslastung verhindern, haben keinen Einfluß auf die Priorität.

Aufbauend auf die in Kapitel 2 diskutierten Grundlagen wurden daher gezielt nach Prioritätswerten gesucht, die

- die Einbindung der Teilverrichtungen in den Vorranggraphen,
- die begrenzte Unterteilbarkeit der Aufgabe,
- die Flexibilität in bezug auf Montagesystemrestriktionen

berücksichtigen.

Als Ergebnis dieser Überlegungen werden vorgeschlagen:

- Prioritätsregeln, die die Einbindung der Teilverrichtung im Vorranggraphen berücksichtigen:
  . Die Rangwertregel (RW)
  Dieser Prioritätswert wird rekursiv, beginnend mit den Endelementen des Vorranggraphen berechnet. Der Rangwert einer Teilverrichtung ist deren Vorgabezeit, plus die Summe der Rangwerte ihrer direkten Nachfolger.
  . Modifizierte Rangwertregel (MR)
  Dieser Prioritätswert wird wie der Rangwert bestimmt, jedoch ist er definiert als Vorgabezeit einer Teilverrichtung plus maximaler Rangwert der direkten Nachfolger.
  . Modifizierte Rangwertregel mit Leerelementbevorzugung (ML)
  Diese Regel entspricht der MR-Regel, jedoch werden alle Leerelemente willkürlich mit höchster Priorität versehen.

- Prioritätsregeln, die die begrenzte Unterteilbarkeit einer Montageaufgabe beschreiben:
  . Maximale Vorgabezeitregel (VZ)
  Die Vorgabezeit einer Teilverrichtung ist gleichzeitig deren Prioritätswert

. Maximale Vorgabezeitregel mit Leerelementbevorzugung (VL)
Dies entspricht der VZ-Regel, jedoch erhalten die Leerelemente willkürlich die höchste Priorität

- Prioritätsregeln, die die Flexibilität bezüglich des Montagesystems beschreiben:
  . Niedrige Zonenzahlregel (NZ)
  Die Priorität ist umgekehrt proportional zu der Anzahl von Zonenzuordnungen dieser Teilverrichtungen, wobei Teilverrichtungen ohne entsprechende Zuordnung - und damit ohne entsprechende Einschränkung der Zuteilbarkeit - niedrigste Priorität erhalten.
  . Hohe Zonenzahl (HZ)
  Diese Regel entspricht einer Umkehrung der NZ-Regel
  . Übereinstimmung der Zonen (UZ)
  Prioritätswert ist die Anzahl gemeinsamer (übereinstimmender) Zonenzuordnungen von aktueller Station und bewerteter Teilverrichtung. Teilverrichtungen ohne Zonenzuordnung erhalten dabei die gleiche Priorität wie Teilverrichtungen, die mit der Station in allen Zonenzuordnungen übereinstimmen.

- Kombinierte Prioritätsregeln:
  . Quotient aus modifiziertem Rangwert und Zahl der Zonen (MR/HZ)
  . Quotient aus Vorgabezeit und Zahl der Zonen (VZ/HZ)

- Sonstige Regeln:
  . Zufallsauswahl (ZA)

4.4.3 Der Versuchsaufbau

Die Lösungsversuche wurden mit einer für diesen Zweck modifizierten Version des Programmsystems POLEM durchgeführt, wobei die 11 untersuchten Regeln nacheinander implementiert wurden.

Fallbeispiel	Anzahl Teilverrichtungen	Anzahl Zonenbeschränkungen je TV	Taktzeit [ZE]	Nr. der Abtaktung
Montage eines Sprühgerätes	130	0,18	12,85 18,36 27,54	1 2 3
Motormontage	152	1,36	4,17 5,95 8,93	4 5 6
Karosserierohbau	161	1,52	6,71 9,59 14,39	7 8 9
Motormontage	165	1,57	2,25 3,29 4,82	10 11 12
Montage Kühlschrank	168	1,03	154,00 220,00 330,00	13 14 15
Karosserierohbau	228	1,58	6,50 9,29 13,94	16 17 18
Montage Küchenherd	271	1,18	126,00 180,00 270,00	19 20 21
Montage Druckmaschinenbaugruppe	326	0,00	40,87 58,38 87,57	22 23 24
Montage Einspritzpumpe	601	0,00	7,88 11,25 16,84	25 26 27
PKW-Endmontage	649	0,00	6,86 9,80 14,70	28 29 30
Motormontage	674	1,07	5,38 7,69 11,54	31 32 33
Lackierung	1 310	0,00	6,86 9,80 14,70	34 35 36

Tabelle 1: Beschreibung der den Versuchen zugrundegelegten Aufgabenstellungen

Als Optimierungsprobleme standen 12 Aufgaben aus industriellen Anwendungen von POLEM zur Verfügung. Diese sind in Tabelle 1 beschrieben. Sie decken ein breites Spektrum an Technologien, Größe und Komplexität ab. Für jede Aufgabe wurden für je drei Taktzeiten Zuteilungsläufe durchgeführt. Die drei Vorgaben entsprechen jeweils 2/3, 1/1 bzw. 3/2 der ursprünglich vorgegebenen Taktzeit.

4.4.4 Versuchsergebnisse und Auswertung

Die wesentlichen Ergebnisse der Versuchsdurchführung sind in Bild 15 dokumentiert. In dieser Darstellung sind die von den Verfahren erreichten durchschnittlichen Auslastungen (arith-

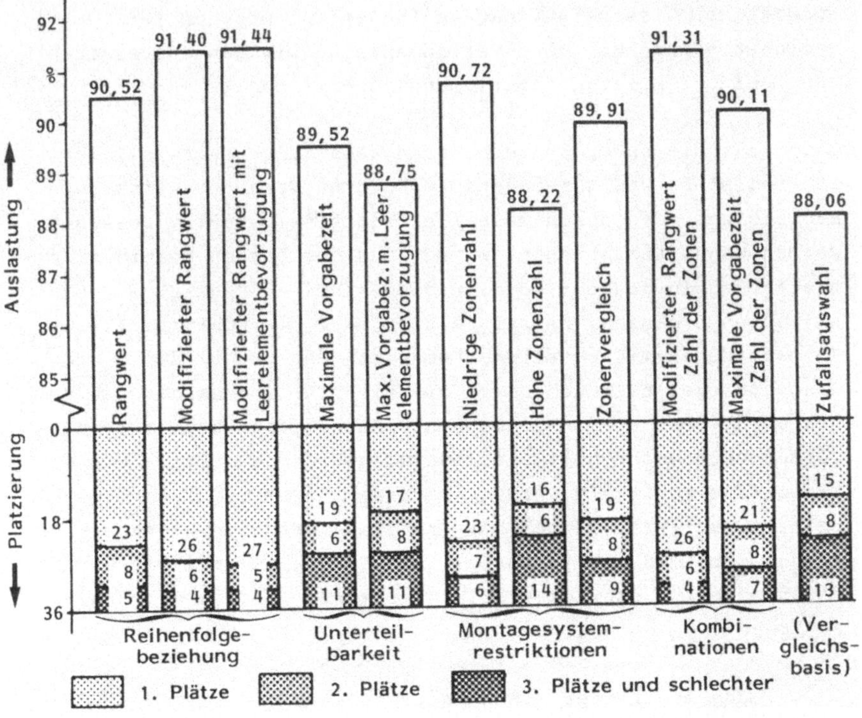

Bild 15: Die mit den 11 Regeln erreichten Plazierungen und durchschnittlichen Auslastungen

metische Mittelwerte) sowie die im gegenseitigen Vergleich erreichten Plazierungen aufgeführt.

Ein Vergleich der Regeln zeigt, daß alle, die auf der Struktur der Reihenfolgebeziehungen aufbauen, gute Ergebnisse und bei ca. 2/3 aller Aufgaben sogar die jeweils besten Ergebnisse erzielten. Nur bei ca. 1/9 der Resultate waren sie auf einem schlechteren als dem zweiten Platz. Vergleichbar gut war lediglich die NZ-Regel, die der niedrigen Zonenzahl eine hohe Priorität gibt.

Die kombinierten Regeln schnitten schlechter ab als die jeweils bessere der beiden benutzen Einzelregeln. Am schlechtesten in diesem gegenseitigen Vergleich schneidet die Zufallsauswahl ab. Dies zeigt, daß es in der Tat möglich ist, von geeigneten heuristischen Verfahren eine wirksame Unterstützung bei der Leistungsabstimmung zu erwarten.

Da es für die interaktive Leistungsabstimmung sinnvoll ist, mit möglichst wenigen rechnergestützten Versuchen eine gute Basislösung, die durch manuelle Eingriffe weiter verbessert werden kann, anzustreben, wurde nach der besten Kombination zweier Regeln gesucht, d.h. nach den beiden Regeln, die sich am besten ergänzen. Es zeigte sich, daß die modifizierte Rangwertregel mit Leerelementebevorzugung sowohl durch die Rangwertregel als auch durch die niedrige Zonenzahlregel am besten ergänzt wird. Mit beiden Kombinationen können jeweils 31 der untersuchten 36 Problemstellungen die jeweils besten Ergebnisse ermittelt werden. Da die Rangwertregel, wie bereits diskutiert, jedoch bei großen Datensätzen zu numerischen Problemen führt, wurde diese ausgeklammert. Als Prioritätsregeln für das interaktive Verfahren wird daher vorgeschlagen:

- die modifizierte Rangwertregel mit Leerelementbevorzugung und
- die niedrige Zonenzahlregel.

Die Leistungsfähigkeit dieser Kombination wird im folgenden mit der von lernenden Verfahren beurteilt.

4.4.5 Vergleich der ausgewählten Prioritätsregeln mit lernenden Verfahren

Bei diesem Vergleich ist die Frage von Bedeutung, inwieweit das Ergebnis durch ein Mehr an Versuchsläufen verbessert werden kann. Der Versuchsaufbau wurde vom Vergleich der einfachen Regeln übernommen, jedoch wurden für jede Aufgabenstellung 50 Lösungen generiert.

In den Vergleich einbezogen wurden folgende Verfahren:

- Rangwert kombiniert mit Vorgabezeit (nach Lutz, "POLEM"),
- modifizierter Rangwert mit Leerelementenbevorzugung kombiniert mit niedriger Zonenzahl (vorgeschlagene Kombination "INTAKT I"),
- modifizierter Rangwert mit Leerelementbevorzugung kombiniert mit dem Quotienten aus Vorgabezeit und Zahl der Zonen (alternative Kombination "INTAKT II"),
- Quotient aus modifiziertem Rangwert mit Leerelementbevorzugung und der Zahl der Zonen kombiniert mit dem Quotient aus Vorgabezeit und Zahl der Zonen (alternative Kombination "INTAKT III"),
- Zufallsauswahl (Vergleichsbasis).

Als Lösung wurde der jeweils beste der 50 durchgeführten Versuche gewertet. Die erzielten Ergebnisse sind in Bild 16 dargestellt. Für die 4 lernenden Verfahren zeigen die jeweils 4 Säulen des Manhattan-Diagramms

- die Ergebnisse der jeweils zweiten Regel,
- die Ergebnisse der jeweils ersten Regel,
- die jeweils besten Ergebnisse der beiden Einzelregeln,
- die jeweils besten Ergebnisse aus 50 Versuchen.

Für die Zufallsauswahl sind die Werte nach einem bzw. nach 50 Versuchen dargestellt.

Aus dem Bild ergeben sich folgende Aussagen:

- alle Verfahren mit 50 Versuchen ergaben bessere Ergebnisse als das beste Einzelverfahren,
- der Unterschied vom besten zum schlechtesten Verfahren reduziert sich von 3,4 % bei der Einzelwertung auf 0,5 % bei den Verfahren mit 50 Versuchen,
- das beste Einzelverfahren ist 0,8 % schlechter als das beste lernende,
- die beste Kombination aus zwei Regeln ist weniger als 0,2 % schlechter als das insgesamt beste Verfahren und damit sogar besser als das von Lutz vorgeschlagene lernende Verfahren und besser als jeweils 50 Versuche mit Zufallsauswahl.

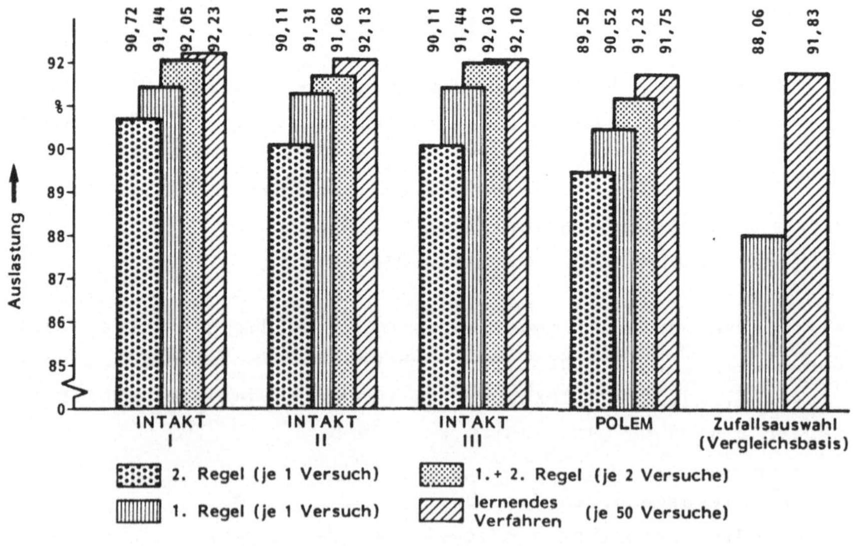

Bild 16: Gegenüberstellung der Ergebnisse der zweiten Versuchsreihe

Damit konnte das Ziel, eine gute Näherungslösung mit der vorgeschlagenen Regelkombination zu generieren, erreicht werden. Bei den untersuchten Datensätzen war die in jeweils zwei Versuchen erzielte Lösung im Durchschnitt sogar besser als die nach 50 Versuchen mit der von Lutz vorgeschlagenen Regelkombination. Selbst gegenüber den besten Kombinationen müssen nur unerhebliche Verschlechterungen (0,2 %) in Kauf genommen werden.

Bemerkenswert ist darüber hinaus, daß auch mit einer genügend großen Zahl von Versuchen mit Zufallsauswahl eine gute Lösung erwartet werden kann und daß eine Ergebnisverbesserung über die Zahl der Versuche um so geringer wird, je leistungsfähiger die eingesetzten Einzelregeln sind.

4.5 Die Programmstruktur

4.5.1 Die Gesamtkonzeption

Das entwickelte Verfahren ist entsprechend den drei wesentlichen Planungsschwerpunkten der Leistungsabstimmung in die Programme

- Datenverwaltung und -aufbereitung,
- Leistungsabstimmung,
- Ergebnisaufbereitung und -ausgabe

gegliedert. Die drei Teile sind als eigenständige Programme verwirklicht, die jedoch in chronologisch richtiger Reihenfolge ausgeführt werden müssen, da die jeweils späteren Programme auf die Daten der früheren Moduln zugreifen müssen. Diese Struktur ist in Bild 17 dargestellt.

4.5.2 Die Datenverwaltung und -aufbereitung

Das Programm DAAUF dient, wie in Bild 18 gezeigt, der Eingabe, der Prüfung, der Korrektur und der Aufbereitung der für die Leistungsabstimmung benötigten Daten. Das Programm prüft,

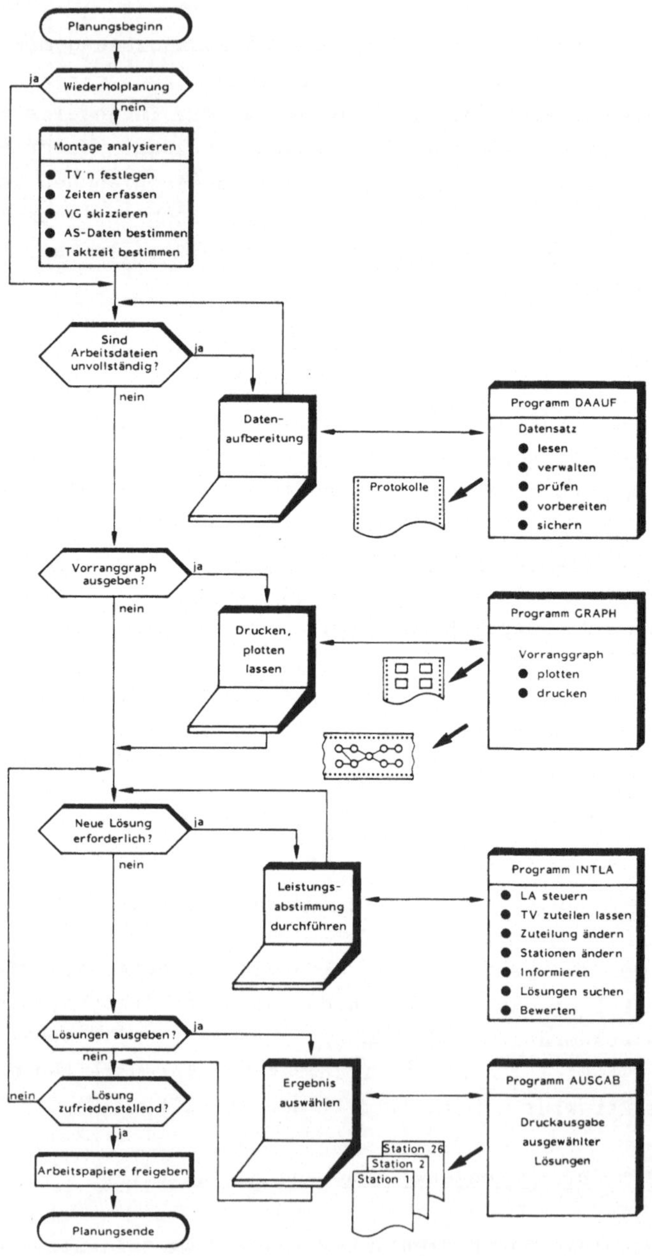

Bild 17: Grobkonzept der interaktiven Leistungsabstimmung

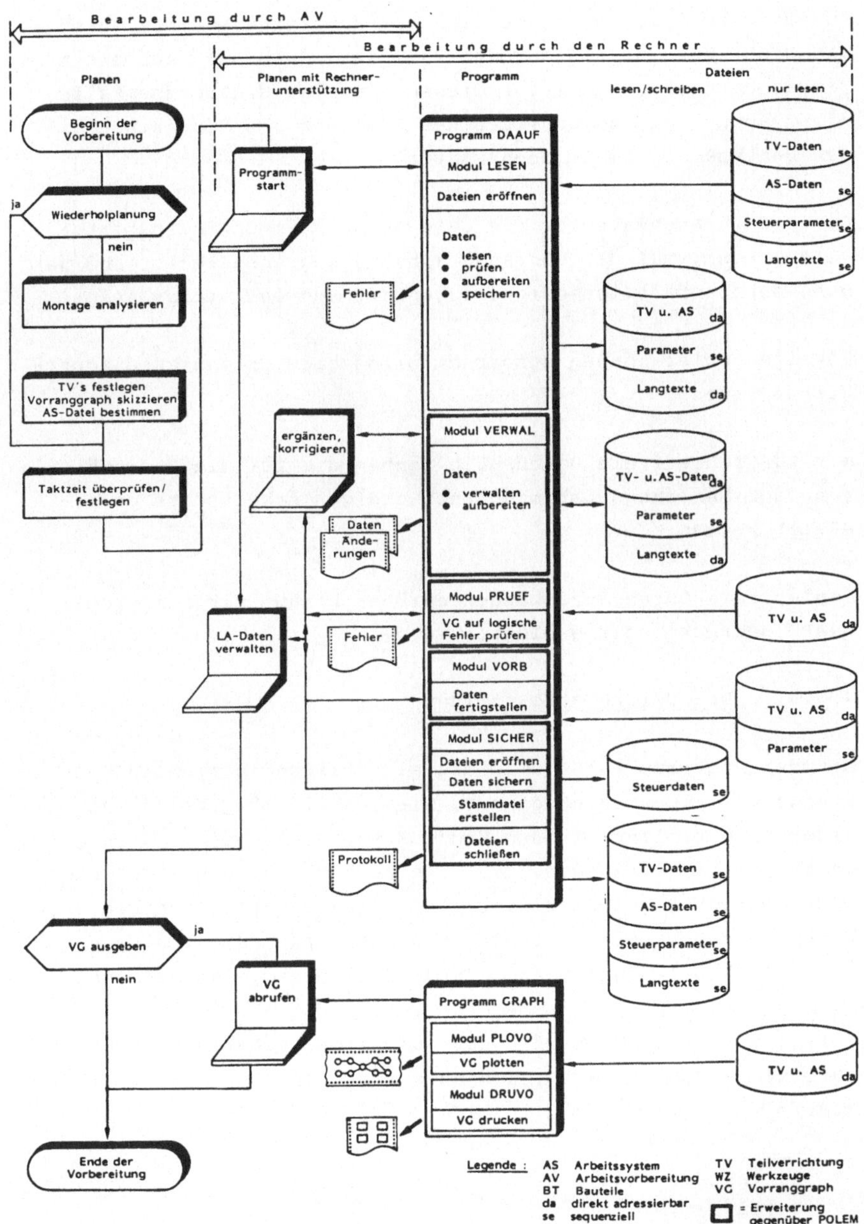

Bild 18: Datenverwaltung und -aufbereitung mit DAAUF

ob die benötigten Daten bereits in aufbereiteter Form verfügbar sind. Wenn dies nicht der Fall ist, sucht es nach einem Eingabedatensatz und liest diesen ein. Ist dieser ebenfalls nicht vorhanden, so bereitet das Programm die Neueingabe eines Datensatzes am Bildschirm vor.

Bevor der Datensatz für die Leistungsabstimmung aufbereitet werden kann, muß der Vorranggraph auf logische Fehler und der Datensatz auf Vollständigkeit geprüft und fehlerfrei sein.

Etwaige Fehler können sofort am Bildschirm erkannt und korrigiert werden.

Nur für fehlerfreie Datensätze können die für die Durchführung der Leistungsabstimmung notwendigen Arbeitsdateien erstellt werden.

Fehlerfreie Datensätze können darüber hinaus mit dem Programm GRAPH gedruckt oder geplottet werden.

4.5.3 Die Leistungsabstimmung

Mit dem Programm INTLA wird die eigentliche interaktive Leistungsabstimmung durchgeführt, wie in Bild 19 gezeigt. Das Programm verwaltet mit dem Modul Steuer - ausreichend Speicherkapazität vorausgesetzt - bis zu 999 Lösungen, von denen jede gedruckt, gelöscht oder als Ausgangspunkt für einen weiteren Lösungsversuch ausgewählt werden kann. Die Lösungen sind als "vollständig" bzw. "unvollständig" gekennzeichnet.

Sofern ein neuer Versuch - der auf keine bisherige Lösung aufbaut - begonnen wird, können wesentliche Parameter, wie z.B.:

- Taktzeit und
- Zeitgrad

geändert werden.

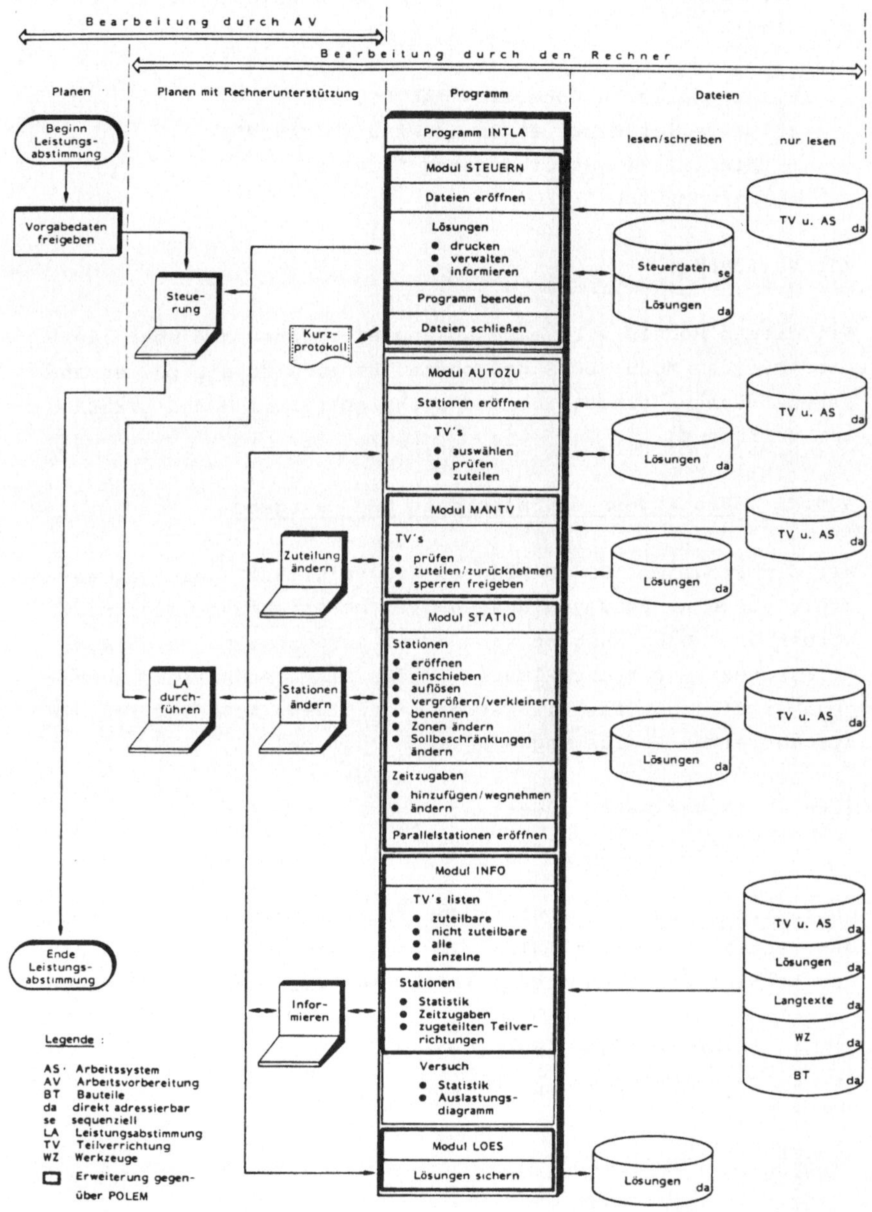

Bild 19: Durchführung der interaktiven Leistungsabstimmung mit INTLA

Zur Durchführung eines Leistungsabstimmungsversuchs stehen die Moduln

- automatische Zuteilung "AUTOZU",
- manueller Eingriff in Zuteilung "MANTV",
- Eingriff in Stationsdaten "STATIO",
- Information "INFO"

zur Verfügung.

Mit diesen Moduln wird eine Lösung erarbeitet und abschliessend mit dem Modul LOES gesichert. Dabei wird sie zu den anderen Lösungen eingereiht und steht später im Modul STEUER zur Verfügung.

4.5.4 Die Ergebnisaufbereitung und -ausgabe

Mit dem Programm AUSGAB können, wie in Bild 20 gezeigt, gezielt einzelne Lösungen ausgewählt, bewertet und ausgedruckt werden. Die Druckausgabe kann dabei aufgabenbezogen entweder im Kurztext - für die Planer -, oder als ausführliche Montageunterweisung - für die Werker - erfolgen. Außerdem ist die Ausgabe eines Auslastungsdiagramms möglich.

4.6 Ausgewählte Funktionen des Programms zur interaktiven Leistungsabstimmung

Charakteristisches Kernstück des interaktiven Verfahrens ist das zentrale Programm INTLA. Im folgenden sollen daher ausgewählte Eigenschaften dieses Verfahrensteils, gegliedert nach:

- Abrufbare Funktionen,
- Eingriffsmöglichkeiten,

ausgeführt werden.

4.6.1 Abrufbare Funktionen

4.6.1.1 Die automatische Zuteilung

Mit dem Modul AUTOZU können vom Rechnerprogramm selbständig Leistungsabstimmungen durchgeführt werden. Dazu wird die in Kapitel 4.4 abgeleitete Zuteilungsstrategie, wie in Bild 21 gezeigt, eingesetzt. Der Planer gibt hierfür eine bestimmte Anzahl Stationen, bzw. eine bestimmte maximale Anzahl Teilverrichtungen vor.

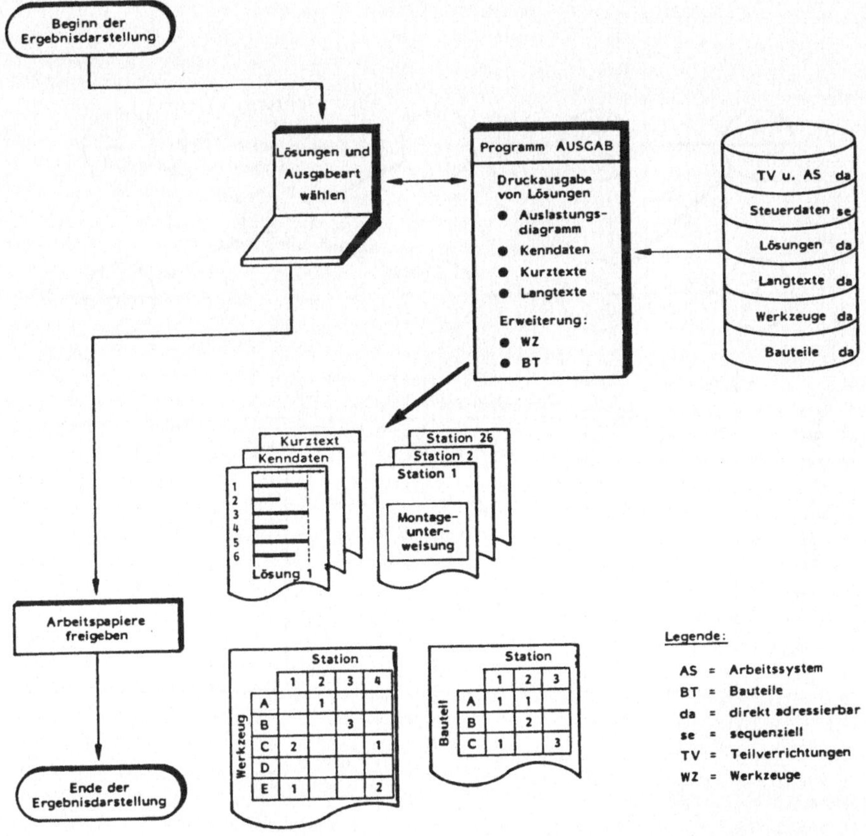

Bild 20: Ergebnisaufbereitung und -ausgabe mit AUSGAB

Das Verfahren sucht nun entsprechend den benutzten Prioritätsregeln nach geeigneten Teilverrichtungen, prüft deren Zuteilbarkeit und ordnet sie ggf. der jeweils aktuellen Station zu. Sobald keine Teilverrichtung mehr zugeteilt werden kann, gilt die Station als voll, eine weitere wird eröffnet, und die Zuteilung wird fortgesetzt. Das Verfahren endet, sobald

- die gewünschte Anzahl Stationen erreicht sind,
- die gewünschte Anzahl Teilverrichtungen zugewiesen, oder
- alle Teilverrichtungen zugeteilt wurden.

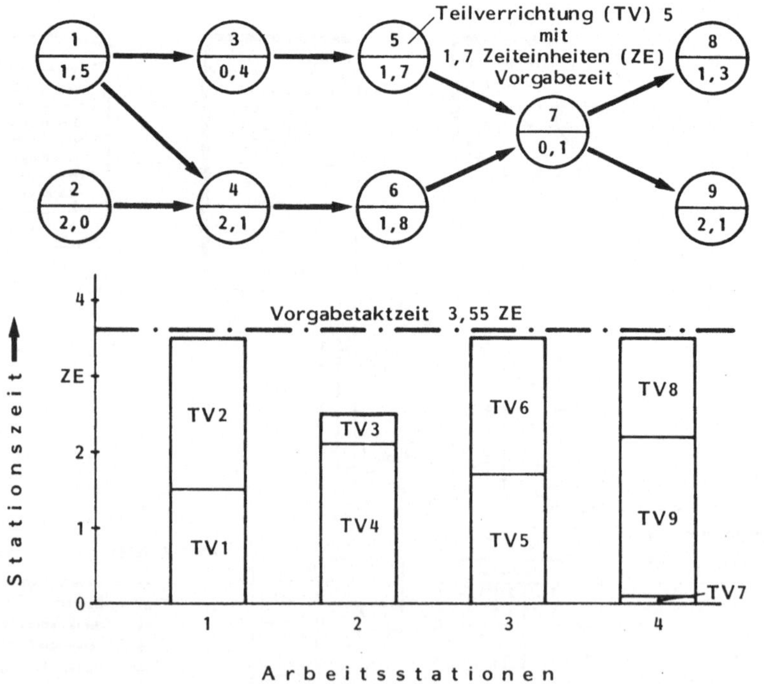

Bild 21: Zuteilung nach dem modifizierten Rangwertverfahren

4.6.1.2 Die rekursive Auflösung

Ausgehend von der aktuellen Station können Zuteilungen rekursiv zurückgenommen werden, bzw. die jeweils aktuelle Station rekursiv aufgelöst werden. Die zurückgenommenen Teilverrichtungen werden in den Datensatz der noch nicht zugeordneten Teilverrichtungen wieder richtig eingereiht und stehen sodann für weitere Zuteilungen wieder zur Verfügung. Dies ist in Bild 22 dargestellt.

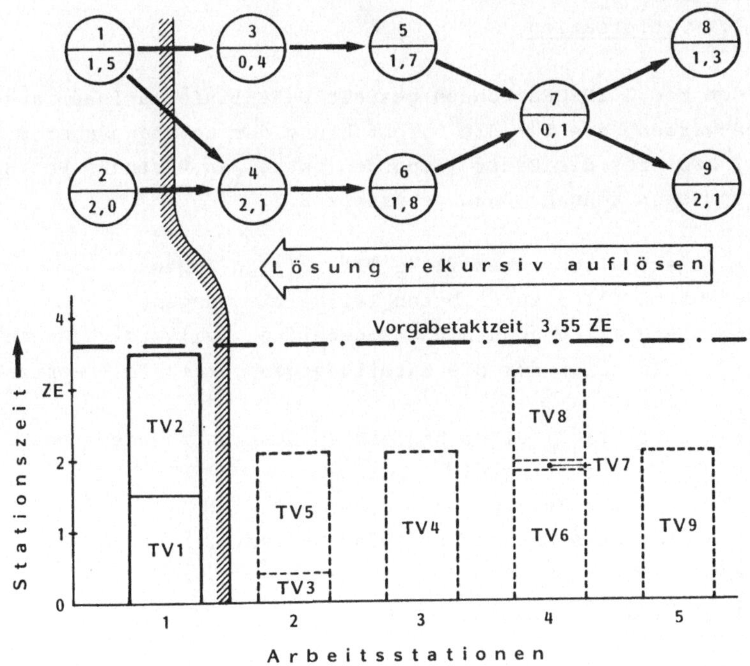

Bild 22: Rekursive Auflösung

4.6.1.3 Die Bewertung des aktuellen Versuchsstands

Für den aktuellen Versuchsstand werden vom Modul BEWERT wesentliche Kennzahlen ausgegeben. Dazu gehören:

- Statische Werte,
  - Vorgabetaktzeit,
  - Summe der Vorgabezeiten,
  - Maximaler Leistungsgrad,
  - Maximal erreichbarer Auslastungsgrad,

- Dynamische Werte,
  - Bisher erreichte Stationszahl,
  - Durchschnittlicher Auslastungsgrad,
  - Summe der bisher zugeteilten Teilverrichtungszeiten.

4.6.1.4 Information

Mit dem Modul INFORM können gezielt Detailinformationen abgerufen werden, die für die Durchführung der Leistungsabstimmung, bzw. für die Beurteilung des aktuellen Versuchs von Bedeutung sein können. Dazu gehören z.B.:

- Liste aller zugeteilten Teilverrichtungen,
- Liste aller zuteilbaren Teilverrichtungen,
- Liste aller noch nicht zugeteilten Teilverrichtungen,
- Liste aller für die Zuteilung gesperrten Teilverrichtungen,
- Liste aller, einer bestimmten Station zugeteilten Teilverrichtungen,
- Liste von Zeitzugaben,
- Informationen über einzelne Teilverrichtungen.

4.6.2 Eingriffsmöglichkeiten

4.6.2.1 Zuordnung der Teilverrichtungen

Teilverrichtungen können durch den Planer gezielt an eine bestimmte bestehende Station zugeordnet werden. Auch können bereits zugeteilte Teilverrichtungen wieder zurückgenommen werden und stehen dann für eine erneute Zuteilung wieder zur Verfügung. Bei der "manuellen" Zuteilung prüft das Programm:

- nach formalen Fehlern,
  - ob die Teilverrichtung definiert ist,
  - ob die Station definiert ist,

- nach logischen Fehlern,
  - ob die Teilverrichtung bereits an eine andere Station zugeteilt wurde,
  - ob durch die Zuteilung ein Verstoß gegen die Vorrangbeziehungen entsteht,
  - ob die ungenutzte Zeit der Station noch groß genug ist, um die Tätigkeit aufzunehmen,
  - ob ein Verstoß gegen die Arbeitssystemrestriktionen auftritt.

Liegen formale Fehler vor, ist eine Zuordnung nicht möglich. Sofern logische Fehler erkannt werden, warnt das Programm den Planer vor seiner Entscheidung. Da, wie in Kapitel 4.3 beschrieben, der Planer über das Verfahren dominiert, hat er die Möglichkeit, wie in Bild 23 gezeigt, die Zuteilung trotz der Warnungen durchführen zu lassen.

```
_____ TV-NR-LISTE:    700

   700 3 GEWINDE-LOECHER IM MOTORRAUM MIT KUNST-          0.30
..... TV WURDE BEREITS AN DIE ARB.KR. MIT NUMMER     8    ZUGETEILT
..... TV IST NICHT RUECKNEHMBAR WEGEN VORRANGBEZIEHUNG
..... ZONEN SIND NICHT VERTRAEGLICH
..... BEI ZUTEILUNG DER TV TAKTUEBERSCHREITUNG UM     0.03




EINGABE: J
????? TROTZDEM ZUTEILEN?
J, N, IVS, IDI, IAK, IAT, ITV, IAZ, IDZ, IA, IZ, IG, IN, H, -
```

Bild 23: Zuteilung trotz Fehlerwarnungen

Bei der "manuellen" Rücknahme einer Zuteilung sucht das Programm ebenfalls

- nach formalen Fehlern, z.B. ob die Teilverrichtung definiert ist,

- nach logischen Fehlern:
  - ob die Teilverrichtung noch nicht zugeteilt wurde,
  - ob durch die Rücknahme der Teilverrichtung ein Verstoß gegen die Vorrangbeziehung entsteht.

Bei einem Verstoß gegen die Vorrangbeziehung warnt das Programm den Planer. Falls der Planer dennoch die Rücknahme wünscht, bzw. falls keine formalen Fehler vorliegen, nimmt das Programm die Zuteilung zurück.

4.6.2.2 Stationszustand ändern

Mit dem Modul STATIO können einzelne Stationen verändert werden. Für jede Station kann eine Benennung definiert werden, die zur Kennzeichnung der Station dient und insbesondere bei der Druckausgabe des Ergebnisses mit ausgegeben wird.

Die arbeitssystembedingten Charakteristika einer Station lassen sich am Bildschirm ebenso ändern, wie z.B. die Stationszeit. Zu ersteren gehören auch die Zusatztätigkeiten, die einer Station zugeordnet, weggenommen, bzw. bei Bedarf verändert werden können. Außerdem lassen sich neue Zusatztätigkeiten definieren.

Parallelstationen werden grundsätzlich vom Planer am Bildschirm eröffnet.

4.6.2.3 Einfügen und Auflösen von Stationen

Über die in Kapitel 4.2.2.1 gezeigte Möglichkeit, die Zuteilung von Teilverrichtungen rekursiv bzw. willkürlich rückgängig zu machen hinaus, können ganze Stationen aufgelöst, aber auch neue eingefügt werden. Hierzu sind die folgenden Fälle zu unterscheiden:

- Auflösen,
  - leere Station,
  - aktuelle Station,
  - sonstige Stationen,

- Einfügen,
  - aktuelle Station,
  - sonstige Station.

Werden leere Stationen aufgelöst, können sich keine Probleme wegen der Zuteilbarkeit rückgenommener Teilverrichtungen ergeben. Diese Schwierigkeiten werden ebenfalls umgangen, wenn die Stationen, wie in Kapitel 4.6.1.2 gezeigt, rekursiv aufgelöst werden, d.h. ausgehend von der aktuellen Station nach vorne, aufgelöst werden. In diesem Fall können die Teilverrichtungen in der richtigen Reihenfolge wieder in die Liste zuteilbarer Teilverrichtungen, bzw. in die Liste nicht zuteilbarer Teilverrichtungen eingeordnet werden.

Sofern beliebige, nicht leere Stationen aufgelöst werden, müssen auch Teilverrichtungen entgegen den Vorrangbeziehungen zurückgenommen werden können. Diese Teilverrichtungen können nur manuell wieder zugeteilt werden, da deren Zuteilbarkeit durch den Rechner nicht mehr ermittelt werden kann.

Eingefügt werden können Leerstationen an jeder beliebigen Stelle. Allerdings ist eine automatische Zuteilung von Teilverrichtungen an diesen Stationen nicht möglich.

4.6.2.4 Steuerung der Prioritätsregeln

Die Wahrscheinlichkeit, mit der die beiden Prioritätsregeln benutzt werden, kann gleichfalls am Bildschirm festgestellt und beliebig geändert werden.

4.7 Die Schnittstelle zwischen Planer und Rechner

4.7.1 Die Ablaufsteuerung

Das Arbeiten mit dem Programm INTLA ist gekennzeichent durch dessen hierarchische, funktionelle Gliederung. Nach dem Beginn eines Versuchs stehen dem Planer diverse Funktionen zur Verfügung, die wahlweise abgerufen werden können. Da die Mehrzahl dieser Funktionen auf Steuerparameter angewiesen ist, werden diese, wenn immer möglich, durch sinnvolle Voreinstellungen ersetzt. So kann z.B. in jeder beliebigen Station manuell eingegriffen werden, sofern beim Aufruf der entsprechenden Funktion die Nummer der gewünschten Station eingegeben wird. Fehlt diese Angabe, so wird diese Funktion an der aktuellen Station ausgeführt.

4.7.2 Die Bildschirmmaske

Die Bildschirmmasken sind in allen Programmteilen nach dem selben Prinzip aufgebaut. Jede Maske gliedert sich in die Bereiche

```
VS-NR:  32    ST-NR:   5    ABSETZSTATION
UN-ZT:      0.76     ST-ZT:      40.68     ST-GR: 127.62        TV-ST:        8
MANNZ:      5        TK-ZT:      41.44     VS-GR: 127.33        TV-VS:       69

ZONEN:   4                            ARTEN:  KEINE
DE-ZZ:      13.00                     AL-ZZ:  KEINE
TV-ZZ:  KEINE

   1201 BATTERIE EINSETZ. HELFEN      1.80        0      0      0      0      0
   1109 GABELHOEHE AUSMESSEN         13.20     1113      0      0      0      0
   1113 FZG. Z. FOLGEARBEITSPL.       0.01     1206      0      0      0      0
   1202 TOTMANNSCHALTER EINST.        2.10     1109   1204      0      0      0
   1203 DRUCK EINSTELLEN              2.21     1204      0      0      0      0
   1204 FZG. AUF DRUCK FAHREN         6.05     1113      0      0      0      0
   1206 MT HAUBE AUSRICHTEN           1.01     1207      0      0      0      0
   1207 FZG. ABSTELLEN                1.30        0      0      0      0      0


EINGABE:
AU; NA; AF; EL; EF; MA; RU; ZT; SP; T; ZO; AZ; TZ; DZ; BZ; SO; PA; Z; ZF; EN;
I; IAZ; ITZ; IDZ; ISO; ITV; IZ; IG; IN; IA; IE;  H
```

Bild 24: Maske zur Ablaufsteuerung eines laufenden Versuchs

- Information, Statistik,
- Arbeitsbereich,
- Eingabemöglichkeit und
- Fehlerhinweise.

Sofern in einzelnen Masken ein vergrößerter Arbeitsbereich notwendig ist, so entfällt der Bereich für Information und Statistik. Eine typische Maske ist in Bild 24 dargestellt.

Die Angaben in dieser Maske haben folgende Bedeutung:

Zeile	Text	Bedeutung
1:	VS-NR: 32	Versuch 32
	ST-NR: 5	Station 5
	ABSETZ-STATION	Bezeichnung der Station 5
3:	UN-ZT: 0.76	noch ungenutzte Zeit 0,76 min
	ST-ZT: 40.68	Stationszeit bisher 40,68 min
	ST-GR: 127.62	Stationsauslastung bisher 127,62 %
	TV-ST: 8	8 Teilverrichtungen sind dieser Station zugeteilt
4:	MANNZ: 5	bisher 5 Arbeitskräfte benötigt
	TK-ZT: 41.44	Vorgabetaktzeit 41,44 Zeiteinheiten
	VS-GR: 127.33	Versuchsgrad bisher 127,33 %
	TV-VS: 69	bisher insgesamt 69 Teilverrichtungen zugeteilt
6:	ZONEN: 4	Station liegt in Zone 4
	ARTEN: KEINE	Keine Sollbeschränkungen
7:	DE-ZZ: 13.00	Zeitzugaben mit 13,0 min wurden manuell eingefügt
	AL-ZZ: KEINE	allgemeine Zeitzugaben wurden dieser Station nicht zugeordnet

Zeile	Text	Bedeutung
8:	TV-ZZ: KEINE	keine TV-gebundenen Zeitzugaben sind bisher berücksichtigt
10:	1201	Teilverrichtung 1201
	BATTERIE	"Batterie einsetzen ..."
	EINSETZ.	mit
	HELFEN	
	1.80	Vorgabezeit und
	0 0 0 0 0	direkten Nachfolgern
11 bis 17: wie Zeile 10		
21:	EINGABE:	Hinweis, daß hier eine Eingabe erwartet wird
22:	AU,...	(Liste aller Eingriffsmöglichkeiten)
23:	...	

Da keine Fehler vorliegen, enthält die letzte Bildschirmzeile keine Information.

4.8 EINSATZ DES VERFAHRENS

Die Ausführungen über Verfahrensentwicklung, Programmaufbau usw. zeigen nicht, wie das Programm und der Planer beim Erarbeiten einer Lösung sich gegenseitig ergänzen. Dies soll daher im folgenden, an den Beispielen

- Überarbeitung einer bestehenden Lösung (Einbeziehung eines weiteren Modells, Verbesserung einer Lösung) und
- Erarbeiten einer neuen Lösung

aufgezeigt werden.

In beiden Fällen ist es notwendig, mit dem Programm DAAUF die Leistungsabstimmung vorzubereiten, bzw. auf eventuell bereits vorliegende aufbereitete Dateien einer früheren Leistungsabstimmung mit unverändertem Datensatz zuzugreifen.

4.8.1 Überarbeitung einer bestehenden Lösung

Mit dem Programm INTLA wird die eigentliche Leistungsabstimmung durchgeführt. Nach dem Beginn meldet sich das Programm mit einer Liste aller bisher mit diesem Datensatz durchgeführten und gespeicherten Ergebnisse. Sofern keine geeignete Lösung vorliegt, kann der Planer durch Aufruf eines neuen Versuchs und Abruf einer automatischen Zuteilung für alle Stationen in kurzer Zeit eine - oder gar mehrere - Basislösung/Lösungen durch das Programm erarbeiten lassen. Diese wird/werden gespeichert und in die o.g. Liste übernommen. Der Planer wählt nun eine dieser Lösungen aus - im Zweifelsfall kann er sogar gezielt einzelne Lösungen ausdrucken lassen und inhaltlich miteinander vergleichen, oder er kann auch nur am Bildschirm die Auslastungsdiagramme der in Frage kommenden Lösungen vergleichen.

In dieser Darstellung sind u.a. unzureichend ausgelastete Stationen sofort zu erkennen. Ein Vergleich der Teilverrichtungen dieser und der jeweils benachbarten Stationen anhand der ausgedruckten Lösung mit den Freiheitsgraden des Vorranggraphen und der Zonenbeschränkungen zeigt dem Planer, warum das Verfahren in dieser Station Schwierigkeiten hatte, weitere zuteilbare Teilverrichtungen zu finden. In der Regel werden die an dieser Stelle für die Zuteilung in Frage kommenden Teilverrichtungen entweder

- zu große Vorgabezeiten oder
- unverträgliche Zonenzuordnungen

aufweisen. Der Planer hat nun mehrere Möglichkeiten, das Verfahren bei den Lösungen dieser Schwierigkeiten zu unterstützen. Er kann zum einen diese unausgelastete Station völlig auflösen und die dadurch frei werdenden Teilverrichtungen manuell auf andere Stationen verteilen. Als zweite Möglichkeit bietet es sich ihm an, wie in Bild 25 gezeigt, die Station durch manuelle Zuteilung weiterer Teilverrichtungen, die zwar, wie in Kap. 3.1 beschrieben, nicht an dieser Station ausgeführt werden sollten, aber doch, trotz gewisser Unzulänglichkeiten, dort ausgeführt werden können, aufzufüllen. Falls dies nicht in ausreichendem Maße möglich ist, können darüber hinaus Tätigkeiten in die Vormontagen verlagert werden, was sich bei der ersten Möglichkeit anbieten würde, bzw. sie können aus den Vormontagen ins Arbeitssystem gebracht werden, was sich bei der zweiten Möglichkeit anbieten würde. Bei den manuellen Eingriffen können dabei zwei Strategien verfolgt werden:

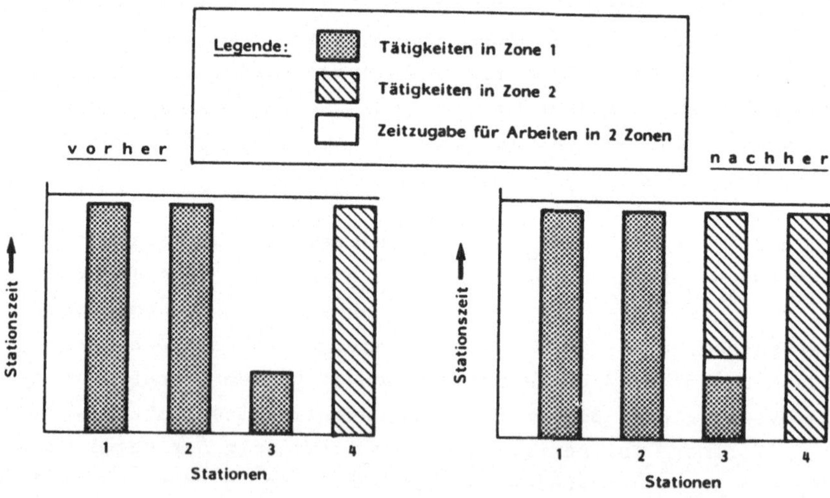

Bild 25: Station mit Teilverrichtung unterschiedliche Zonen

1. Strategie: einzelne Stationen leerzumachen und aufzulösen oder

2. Strategie: die Stationen mit den höchsten Auslastungen zu entlasten, wie in Bild 26 gezeigt, um mit der verbleibenden geringeren maximalen Stationszeit als neuer Vorgabezeit, eine größere Stückzahl fertigen zu können.

Kennzeichnend für alle manuellen Eingriffe ist, daß der Rechner in einem ersten Schritt die Auswirkungen überprüft und ggf. entsprechende Warnungen ausgibt. Nur wenn der Planer trotzdem an seiner Entscheidung festhält, wird die Anweisung ausgeführt.

4.8.2 Erarbeiten einer neuen Lösung

Als weiteres Beispiel soll das Erarbeiten einer neuen Lösung geschildert werden. In diesem Fall ruft der Planer im Programm INTLA einen neuen Versuch. Das Verfahren fragt ab,

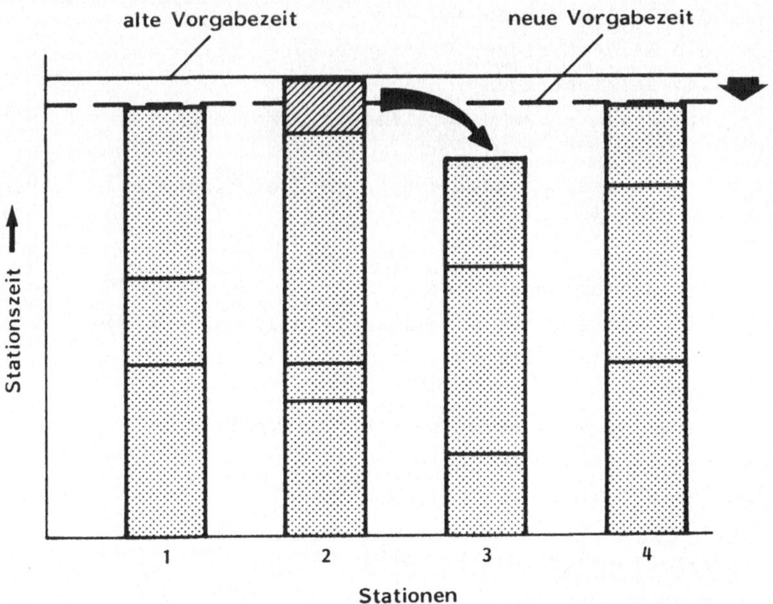

Bild 26: Entlastung der Station mit höchster Auslastung

ob die Basiseinstellungen bezüglich Vorgabetaktzeit, Leistungsgrad, Prioritätsregeln usw. noch Gültigkeit haben und übernimmt diese bzw. die geänderten Werte. Das Verfahren eröffnet dann die erste Station und erwartet eine Steueranweisung des Planers. Dieser wird nun, sofern keine besonderen Gründe dagegensprechen, eine Station nach der anderen durch das Verfahren auffüllen lassen. Sobald eine Station einen zu hohen Taktausgleich oder eine unvorteilhafte Kombination von Teilverrichtungen aufweist, wird der Planer eingreifen. Die Bildschirmmaske gibt ihm Auskunft über:

- die noch ungenutzte Stationszeit,
- die bisher erreichte Stationszeit,
- die Vorgabezeit,
- den Stationsgrad,
- den Versuchsgrad,
- die zugeteilten Zeitzugaben,
- die Zonen,
- die Soll-Bedingungen,
- die letzten dieser Station zugeteilten Teilverrichtungen,
- die Steuer- bzw Eingriffsmöglichkeiten.

Über den Informationsmodul können darüber hinaus bei Bedarf abgerufen werden:

- ein Auslastungsdiagramm,
- eine Liste aller zuteilbarer Teilverrichtungen,
- eine Liste aller noch nicht zuteilbaren Teilverrichtungen
- eine Liste aller gesperrten Teilverrichtungen,

sowie detaillierte Information über:

- die zugewiesenen Zeitzugaben,
- zugeteilte Teilverrichtungen,
- einzelne Teilverrichtungen.

Gemeinsam mit einer Liste aller Teilverrichtungen und einem gedruckten oder geplotteten Vorranggraphen, kann sich der

Planer ein umfassendes Bild über diese Problemstelle machen. Ihm stehen dann folgende wesentliche Eingriffsmöglichkeiten zur Verbesserung des Stationsergebnisses zur Verfügung:

- Auflösen der Station und durch das Verfahren neu auffüllen lassen, z.B. nach
  - Vorgabe von geänderten Zonen,
  - Sperren, bzw. Freigeben, von Teilverrichtungen,
  - Ändern der Prioritätsregeln,
  - Ändern der Soll-Bedingungen,
  - Vorgabe einer Parallelstation.

- Auffüllen lassen der Station, z.B. nach
  - Vorgabe von erweiterten Zonen,
  - Freigeben gesperrter Teilverrichtungen,
  - Lockern der Soll-Beschränkungen,
  - Zulassen einer Taktüberschreitung,
  - Eröffnen einer Parallelstation.

- manuelles Auffüllen der Station, mit
  - manuellem Zuteilen eigentlich nicht zuteilbarer Teilverrichtungen (vgl. Kap. 3.1),
  - Einfügen von Vormontage- bzw. Hilfstätigkeiten, die nicht im Vorranggraphen enthalten sind,
  - Übernahme von Tätigkeiten aus anderen Stationen,
  - gesplitteten Teilverrichtungen.

- Reduzieren der Vorgabetaktzeit für diese Station, falls der Werker dieser Station noch Tätigkeiten anderer Stationen, bzw. externe Tätigkeiten zusätzlich übernehmen soll, oder

- Kombinationen mehrerer der oben genannten Maßnahmen.

Allen genannten Möglichkeiten ist eine Eigenschaft gemein: die Kenntnisse und die Erfahrungen des Planers werden genutzt, um konzentriert an dieser Stelle eine Verbesserung des Ergebnisses zu erreichen. Sobald für diese Station mit den genannten Maßnahmen eine für den Planer akzeptable Lösung erzielt werden konnte, kann er die nächste Station eröffnen und die Zuteilung durch das Verfahren fortsetzen lassen. Sofern mit den genannten Mitteln kein ausreichend gutes Ergebnis erreicht wird, besteht die Möglichkeit, rekursiv weitere Stationen aufzulösen und in der beschriebenen Weise zu bearbeiten.

Nach dem Erreichen einer geeigneten Lösung, kann diese mit ausführlichen Texten als Montageunterweisung oder mit Kurztexten für die Planer gedruckt werden.

Da jede Lösung gesichert wird, steht sie jederzeit für nachträgliche Änderungen bzw. Verbesserungen, wie in Kap. 4.8.1 gezeigt, zur Verfügung.

4.9 Grenzen des Verfahrens

Das entwickelte Verfahren zur interaktiven Leistungsabstimmung von Montagesystemen ist zur Einplanung eines Produkts auf ein Montagesystem bestimmt. Es findet Grenzen bei

- der Arbeitsplatzgestaltung,
- der Einzelfertigung,
- der gemischten Mehrmodellmontage.

Durch das Verfahren werden Arbeitsinhalte einzelnen Arbeitsstationen zugeordnet. Dadurch entstehen zwangsläufig Anforderungen an die Materialbereitstellung und an die Arbeitsplatzgestaltung. Da das Verfahren derzeit keinerlei explizite Informationen über Platzangebot bzw. Platzbedarf verarbeitet, kann es nicht zur Arbeitsplatzgestaltung eingesetzt werden. Für diese Anwendung sei auf das von E. Haller entwickelte Verfahren zur rechnerunterstützten Gestaltung von Tischarbeitsplätzen /47/ verwiesen. Außerdem scheint ein Einsatz des Verfahrens bei der Einzel- und Kleinserienfertigung zumindest dann auf Grenzen zu stoßen, wenn die Fertigungsorganisation des Betriebs keinen beruhigten Ablauf der Montage sicherstellen kann und häufig für einzelne Produkte Tätigkeiten - und damit auch Werker - zwischen den Aufträgen, bzw. zwischen den Stationen kurzfristig hin- und hergeschoben werden müssen. In diesem Fall kann evtl. das Miniplanverfahren /48/ vorteilhaft eingesetzt werden.

Die Montage von mehreren Modellen bzw. Varianten eines Produkts stellt nach wie vor besondere Anforderungen an die Leistungsabstimmung. Sofern die Modelle losweise gefertigt werden, kann in der Regel das entwickelte Verfahren eingesetzt werden, wobei für jedes Modell eine eigene Abstimmung durchgeführt wird. Dies wird von Görke als "getrennte Leistungsabstimmung" /45/ bezeichnet.

Sofern die Modelle gemischt montiert werden, ist es vorteilhafter, eine "gemeinsame Leistungsabstimmung" /45/ durchzuführen. Dies ist mit dem entwickelten Verfahren bisher nur in sehr engen Grenzen möglich. Da es sich hierbei jedoch um einen häufigen Anwendungsfall handelt, wäre eine weitergehende Forschung, mit dem Ziel auch ein Verfahren zur interaktiven Leistungsabstimmung für die gemischte Mehrmodellmontage zu entwickeln, sehr wünschenswert. Hierfür könnten sicherlich wesentliche Ansätze aus der Forschungsarbeit von Görke /45/ verwendet werden.

5 Praxiseinsatz von INTAKT

Das interaktive Leistungsabstimmungsverfahren INTAKT wurde im Oktober 1983 bei der Dr.-Ing. h.c. F. Porsche AG in Stuttgart-Zuffenhausen implementiert. Vorausgegangen war eine stufenweise Umstellung der Leistungsabstimmung. Im folgenden werden die dabei gesammelten Erfahrungen beschrieben.

5.1 Die Situation der Montage

Für das Unternehmen ist charakteristisch, daß ein Produkt in mehreren Modellen, wie in Bild 27 gezeigt, auf einem System von vernetzten Montagelinien, bzw. Montageinseln gefertigt wird. Im Hauptmontagefluß werden die Karossen im Modell-Mix vom Rohbau, über Lackierung, Karosserie-, Fahrwerkmontage bis zur Fertigstellung montiert. In der Mehrzahl der Fertigungsschritte gibt es parallele Subsysteme für unterschiedliche Modelle und eine Konzentration von kundenbezogenen Tätigkeiten auf bestimmte Montageabschnitte.

Die Vormontagen der komplexen Baugruppen sind in mehrere parallele modellbezogene Teilsysteme gegliedert, z.B. die Motormontage in Systeme für die Modelle

- 911
- 930 (911 Turbo)
- 928
- 924
- 944.

Die Vormontage weniger komplexer Baugruppen erfolgt in der Regel losweise.

Es sind die folgenden Ereignisse, die das Gleichgewicht des komplexen Systems stören und häufig neue Leistungsabstimmungen erforderlich machen:

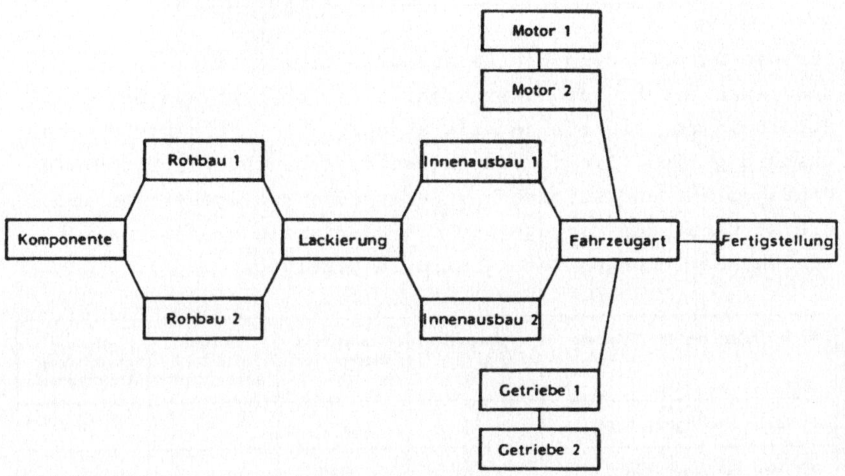

Bild 27: Vernetzung der Montagesysteme

- Stückzahländerungen,
- Stückzahlverschiebungen,
- neue Modelle,
- Konstruktionsänderungen,
- punktuelle Fertigungsverlagerungen.

Für die ersten drei der genannten Ereignisse ist charakteristisch, daß sie jeweils mehrere Teilsysteme betreffen, d.h. daß diese in der Regel zu einem bestimmten Stichtag gleichzeitig umgestellt werden müssen.

Die letzten beiden Ereignisse lassen sich häufig lokal eingrenzen. Dabei besteht das Bestreben, möglichst wenige Zuordnungen zu ändern, d.h. die bestehenden Ergebnisse möglichst weitgehend zu übernehmen.

5.2 Die Durchführung der Leistungsabstimmung

Für die Durchführung der Leistungsabstimmung ist die Zeitstudienabteilung verantwortlich. Diese besteht aus mehreren Mitarbeitern, die für jeweils abgegrenzte Fertigungsbereiche zuständig sind. Sie führen Zeitstudien durch, verwalten die Montagepläne und stimmen bei Bedarf die Montagesysteme ab. Die Struktur der Montage und die Häufigkeit der durchzuführenden Abstimmungen ist in Bild 28 gezeigt.

Klassifizierung der Systeme	Anzahl	Gesamtzahl Mitarbeiter [%]	Anzahl Stückzahländerungen	Anzahl punktueller Änderungen
Einfache Montagesysteme	24	35	4	2
Mittlere Montagesysteme	6	15	4	3
Komplexe Montagesysteme	10	50	4	5
Insgesamt	40	100	4	2 ... 5

Bild 28: Häufigkeit und Komplexität von Leistungsabstimmungen bei Porsche

5.3 Die stufenweise Einführung der Rechnerunterstützung für die Leistungsabstimmung

Vor mehreren Jahren wurde - wie in manchen Unternehmen heute noch üblich - Leistungsabstimmungen ohne EDV-Unterstützung durchgeführt. Charakteristisch für die damalige Vorgehensweise (Stufe 0) waren handschriftliche, oder aus früheren Ergebnissen zusammengestückelte Abtaktungen, die von Schreibkräften ins Reine geschrieben wurden.

Als erste Stufe der Rechnerunterstützung wurde ein auf VSAM-Basis arbeitendes Dateiverwaltungsprogramm entworfen, das die für diesen Zweck in ein klassifizierendes Nummernsystem eingebundenen Texte und Vorgabezeiten der Teilverrichtungen verwaltete und nach Eingabe des nach wie vor manuell erarbeiteten Ergebnisses ausdruckte und bewertete.

In einem weiteren Schritt (Stufe 2) wurde, wie von Lentes und Auwärter /37/ beschrieben, das Programmsystem POLEM eingeführt. Die Erfahrungen dieses Einsatzes wurden in Kapitel 3.2 diskutiert. Von den ca. 40 Montagelinien konnten etwa die Hälfte problemlos und ein weiteres Sechstel mit erhöhtem Aufwand mit dem EDV-System eingeplant werden. Das verbleibende Drittel - hinter dem jedoch ca. 50 % der in der Montage eingesetzten Mitarbeiter stehen - wurde weiterhin manuell eingeplant (entsprechend Stufe 1).

In einem vierten und vorläufig letzten Schritt (Stufe 4) wurde das INTAKT-Verfahren übernommen. Hierfür war eine ca. einjährige Vorbereitungsphase notwendig, in der

- auf der institutseigenen Rechenanlage VAX 11-780 Pilotanwendungen durchgeführt und ausgewertet wurden,
- INTAKT und die bereits vorhandenen Dateiverwaltungsprogramme aufeinander abgestimmt,
- INTAKT für das von Porsche favorisierte Masken-Generator-Programm vorbereitet,
- INTAKT auf das IBM-Betriebssystem VM/CMS vorbereitet,
- eine ausführliche "Hilfe"-Funktion zur Unterstützung der Planer entworfen und programmiert,
- die Druckausgabe des Ergebnisses verbessert,
- die Verwaltungsprogramme zur Ablaufsteuerung entwickelt,
- mehrere Testläufe auf IBM-Rechnern durchgeführt,
- erforderliche Hard- und Software installiert,
- Pilotanwendungen auf dem dafür vorgesehenen IBM-Rechner und
- eine Unterweisung der Planer durchgeführt wurden.

Die Konfiguration des installierten Systems ist in Bild 29 gezeigt.

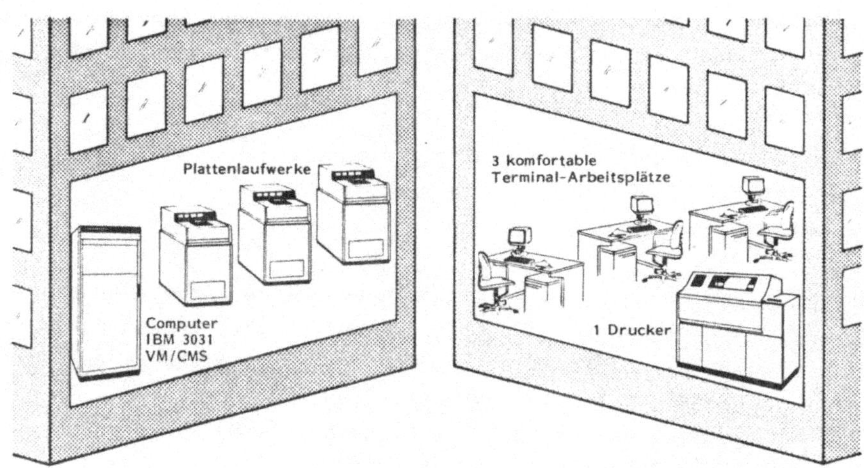

Bild 29: Die EDV-Konfiguration für den Einsatz von INTAKT bei Porsche

5.4 Erfahrungen beim Einsatz von INTAKT

INTAKT bewies seine Überlegenheit sowohl gegenüber der manuellen Leistungsabstimmung, als auch gegenüber POLEM nach wenigen Wochen und wurde von den Planern als Verbesserung akzeptiert, so daß innerhalb kurzer Zeit zwei weitere Arbeitsstationen in Betrieb genommen werden konnte. Weiteren gewünschten Anschlüssen steht im Augenblick insbesondere die eingeschränkte Speicherkapazität der Rechenanlage entgegen.

Nach einjährigem Einsatz in der Arbeitsvorbereitung kann das in Bild 30 gezeigte Resümee bezüglich der Eignung der in den Stufen 0 bis 3 eingesetzten Verfahren für die Leistungsabstimmung bei der Firma Porsche gemacht werden.

Eingesetzte Verfahren	Relative Aufwände*				Relative Einsatztiefe	
	Einplanung	Punktuelle Umplanung	Einmalige Vorbereitung	Daten-verwaltung	Montage-systeme [%]	Montage-mitarbeiter [%]
Stufe 0 (manuell)	2	1	-	-	100	100
Stufe 1 (Datenbank)	1	0,2	1	1	100	100
Stufe 2 (POLEM)	0,6	0,5	2	2	≈ 70	≈ 50
Stufe 3 (INTAKT)	0,4	0,1	1,5	1	100	100

* Alle Angaben normiert, bezogen auf eine manuelle Einplanung mit Datenbankunterstützung (Stufe 1)

Bild 30: Erfahrungswerte für die in den unterschiedlichen Projektstufen eingesetzten Leistungsabstimmungsverfahren

6 BEURTEILUNG DES VERFAHRENS

Zur Beurteilung des entwickelten Verfahrens sollen im folgenden

- das Vorgehen für eine Wirtschaftlichkeitsrechnung vorgestellt und
- schwer quantifizierbare Beurteilungskriterien, die nicht in die o.g. Rechnung einfließen,

diskutiert werden.

6.1 Wirtschaftlichkeitsrechnung

Als Basis für eine Wirtschaftlichkeitsrechnung eignet sich die aus Gleichung (3) folgende Funktion:

$$Z = \min \sum_{s=1}^{S} \sum_{i=1}^{NKA_s} (1+\Delta_g) \left\{ \sum_{l=1}^{LN} (N_{si}\ Ta_{si}\ M_{sil} + Tu_{sil}) KFbr_l \right.$$

$$\left. +(1+\gamma) \sum_{l=1}^{LG} KFG_l\ Tg_{sil} + KFR\ Tr_{si} + KKK_{si} \right\}$$

$$+FU \cdot ISU + FS \cdot ISS + FG \cdot ISG + ISM + KRG$$

Diese Zielfunktion gilt sowohl für manuelle, rechnergestützte und interaktive Leistungsabstimmungen.

Das entwickelte Verfahren ist dann wirtschaftlich einzusetzen, wenn der mit ihm erreichbare Zielfunktionswert Z^*_{in} kleiner ist als der des manuellen Verfahrens Z^*_{man}:

$$Z^*_{in} < Z^*_{man} \qquad (19)$$

Da bei allen bisher durchgeführten rechnerunterstützten Leistungsabstimmungen mit dem Batch-Programm POLEM und mit dem interaktiven Programm INTAKT zumindest die Ergebnisse einer manuellen Leistungsabstimmung erreicht wurden - wenn auch hin und wieder erst in einem zweiten oder dritten Iterationsschritt - können die arbeitssystembezogenen Kostenfaktoren für beide Verfahren als nahezu gleich angesehen werden.

Da außerdem für das manuelle Verfahren keine wesentlichen Investitionen notwendig sind, vereinfacht sich die Ungleichung (17) zu:

$$Z'_{in} < Z''_{man}$$

$$\sum_{s=1}^{S} \sum_{i=1}^{NKA_s} (1+\gamma) \sum_{l=1}^{LG} KFG_l \, Tg'_{sil} + KFR \, Tr'_{si} + KKK'_{si} + KK'$$

$$< \sum_{s=1}^{S} \sum_{i=1}^{NKA_s} (1+\gamma) \sum_{l=1}^{LG} KFG_l \, Tg''_{sil} \qquad (20)$$

Unter der Annahme, daß sich das Gehaltsniveau der Planer, die eine Leistungsabstimmung durchführen, durch den Übergang zum interaktiven Verfahren nicht ändert, kann obige Ungleichung sogar noch weiter vereinfacht werden:

$$\sum_{s=1}^{S} \sum_{i=1}^{NKA_s} \left\{ (1+\gamma) KFG \, Tg'_{si} + KFR \, Tr'_{si} + KKK'_{si} \right\} + KK'$$

$$< \sum_{s=1}^{S} \sum_{i=1}^{NKA_s} \left\{ (1+\gamma) KFG \, Tg''_{si} \right\} \qquad (21)$$

Dividiert man beide Gleichungen durch $(1+\gamma)$ KFG, so erhält man:

$$\sum_{s=1}^{S}\sum_{i=1}^{NKA_s}\left\{Tg'_{si}+\frac{KFR\ Tr'_{si}+KKK'_{si}}{(1+\gamma)KFG}\right\}+\frac{KK'}{(1+\gamma)KFG}$$

$$<\sum_{s=1}^{S}\sum_{i=1}^{NKA_s}Tg''_{si} \tag{22}$$

Durch weiteres Umformen zeigt sich, daß das rechnerunterstützte Verfahren nur dann wirtschaftlich sein kann, wenn die verfahrensbedingten Kosten für Hardware und Rechnerleistung durch die Reduzierung von Planungsaufwand kompensiert werden können:

$$\sum_{s=1}^{S}\sum_{i=1}^{NKA_s}(Tg''_{si}-Tg'_{si})>\sum_{s=1}^{S}\sum_{i=1}^{NKA_s}\left\{\frac{KFR\ Tr'_{si}+KKK'_{si}}{(1+\gamma)KFG}\right\}+\frac{KK'}{(1+\gamma)KGF} \tag{23}$$

Diese Bedingung kann nur erfüllt werden, wenn der durchschnittliche Zeitaufwand einer rechnerunterstützten Leistungsabstimmung - dargestellt durch den Erwartungswert $E\{Tg'\}$ - kleiner ist als der durchschnittliche Zeitaufwand für eine manuelle Leistungsabstimmung $E\{Tg''\}$:

$$E\{Tg'\}<E\{Tg''\} \tag{24}$$

Aus der Erfahrung beim Einsatz des rechnerunterstützten Verfahrens POLEM ergibt sich jedoch, daß der Zeitaufwand, der erforderlich ist, um eine rechnerunterstützte Leistungsabstimmung durchzuführen, beim jeweils erstmaligen Einsatz eines Datensatzes doppelt so hoch ist, wie der eines manuellen Verfahrens. Dagegen kann bei Wiederholplanungen, wenn der Datensatz bereits verfügbar ist, mit einem halbierten Aufwand -

ebenfalls verglichen mit einem manuellen Verfahren - gerechnet werden. Dieser Zusammenhang ist in Bild 31 dargestellt.

Außerdem ist in dieser Darstellung die für das interaktive Programmsystem erwartete Aufwandslinie eingetragen. Die Pilotanwendungen zeigen, daß der Datenaufbereitungsaufwand gegenüber dem von POLEM um ca. 25 % gesenkt werden kann, und daß der Zeitaufwand für die Durchführung der Leistungsabstimmung wiederum halbiert werden kann. Dadurch ergibt sich eine Reduzierung des Break-Even-Points von 4 Abtaktungen auf 2 Abtaktungen für die zeitlichen Planungsaufwände.

Da bei dieser Betrachtung nur die Arbeitszeit der Planer betrachtet wird, bedeutet dies, daß der Break-Even-Point bei einer Gesamtkostenbetrachtung frühestens bei 5, bzw. bei 3 Abtaktungen liegen kann.

Eine übertragbare Darstellung zur Bestimmung des Break-Even-Points für die reinen Zeitaufwände zeigt Bild 32. In diesen Darstellung sind alle Aufwandsangaben relativiert, d.h. bezogen auf eine manuelle Abtaktung, die dabei den Wert "1" erhält. Der Einsatz dieser Darstellung sei an einem Beispiel erläutert:

Für die Entscheidung, ob ein rechnerunterstütztes Verfahren das bisher eingesetzte Manuelle ersetzen soll, werden folgende Auswirkungen erwartet:

- Vorbereitungsaufwand entspricht einer manuellen Planung,
- Durchführungsaufwand entspricht 0,4 manuellen Planungen,
- Erwartete durchschnittliche Häufigkeit der Planung mit einmal vorbereiteten Daten: 12

Ein Einsatz der Werte Aufwände für Vorbereitung: 1,0 und Durchführung: 0,4 ergibt einen Break-Even-Point von etwa 1,8. Da für eine durchschnittliche Einsatzhäufigkeit keine ganzzahligen Werte unterstellt werden müssen, ist das rechnerunterstützte Verfahren in der Tat bereits dann mit weniger Planungsaufwand zu betreiben, wenn mehr als 1,8 Einsätze durchschnittlich zu erwarten sind.

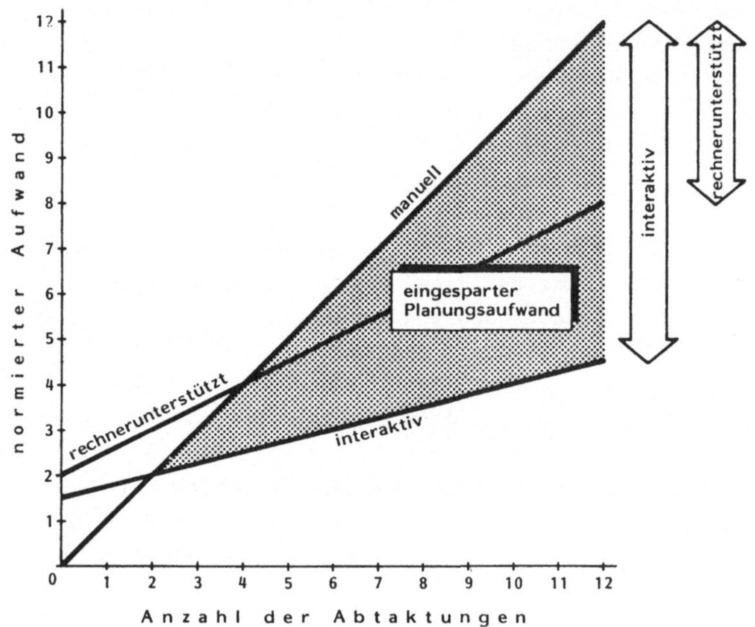

Bild 31: Vergleich der Aufwände von rechnerunterstützten manuellen Verfahren in Abhängigkeit von der Einsatzhäufigkeit

Diese Aufwandsschätzung gibt erste Hinweise, ob der Einsatz eines rechnerunterstützten Verfahrens erfolgversprechend ist. Es können so bereits mit wenig Aufwand Einsatzfälle ausgeschieden werden, die ungeeignet sind. Die verbleibenden Fälle müssen jedoch noch weiter untersucht werden. Bild 32 kann weiterhin benutzt werden, wenn es möglich ist, die beim reinen Zeitvergleich nicht berücksichtigten Kostenfaktoren vergleichbar der Gleichung (29) rechnerisch mit dem Zeitaufwand zu verknüpfen.

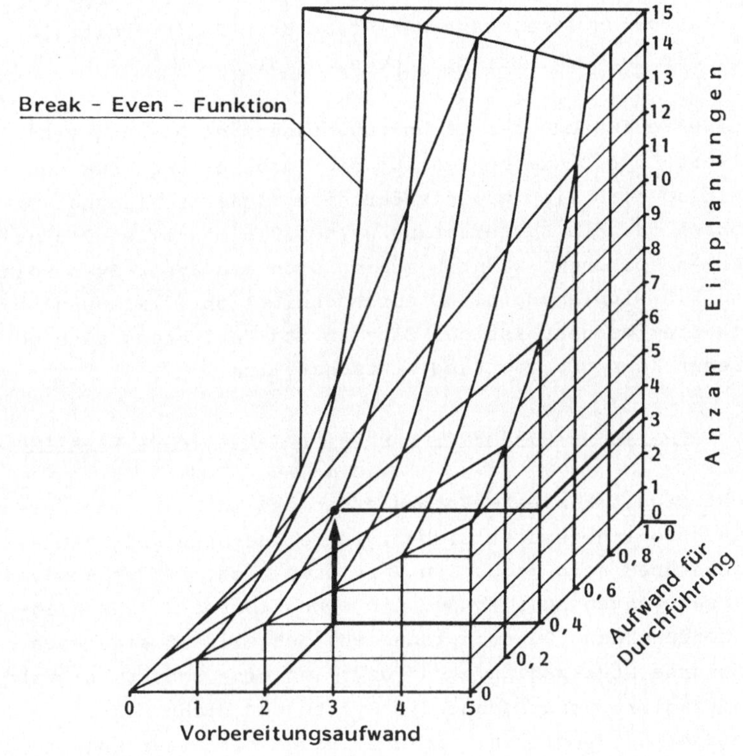

Bild 32: Die Break-Even-Point-Funktion für den Planungsaufwand rechnerunterstützter und interaktiver Verfahren (Aufwand für eine manuelle Einplanung = 1)

Die rechnerischen Kosten für Vorbereitung und Durchführung einer rechnerunterstützten Planung können ausgedrückt werden als:

$$E\left\{K'_{Vr}\right\} = E\left\{K(T'_V(1+\triangle_V))\right\} \tag{25}$$

$$E\left\{K'_{Dr}\right\} = E\left\{K(T'_D(1+\triangle_D))\right\} \tag{26}$$

Werden nun die Erwartungswerte $E\{K'_{Vr}\}$ und $E\{K'_{Dr}\}$ in das Diagramm von Bild 33 eingesetzt, anstatt der entsprechenden Zeitaufwandswerte, kann der Break-Even-Point ermittelt werden. Für das o.g. Beispiel bedeutet dies:

> Zur Durchführung der rechnerunterstützten Planung wird erwartet, daß die Kosten für die Vorbereitung etwa doppelt so hoch sind wie die für eine manuelle Planung. Die Kosten für die Durchführung werden 0,6 manuellen Planungen entsprechen. Dadurch ergibt sich ein Break-Even-Point von 5,0 Einplanungen. Da durchschnittlich 12 Planungen erwartet werden, ist der Einsatz des Verfahrens auch bei dieser Kostenbetrachtung wirtschaftlich.

6.2 Kostenmäßig schwer erfaßbare Beurteilungskriterien

Die wohl signifikanteste Verbesserung des interaktiven Verfahrens sowohl gegenüber bisherigen rechnerunterstützten als auch gegenüber rein manuellen Verfahren liegt in der erwarteten kurzen Zeitspanne, in der ein einsetzbares Ergebnis erzielt werden kann. Dadurch kann sehr schnell auf eine sich abzeichnende Stückzahländerung bzw. auf eine Konstruktionsänderung reagiert werden, und das System muß nicht mehr, wie dies bisher notwendig war, relativ lange mit einer ungeeigneten, weil auf die neue Situation noch nicht abgestimmten, Zuordnung von Tätigkeiten zu Stationen betrieben werden.

Diese Eigenschaft - zusammen mit dem verringerten Zeitaufwand für die Umplanung - wird bei vernetzten Montagesystemen besonders deutlich, denn z.B. eine Stückzahlveränderung betrifft hierbei diverse Montagesysteme, die in der Regel alle neu abgestimmt werden müssen. Da die Stückzahländerung aber in der Regel an einem bestimmten Stichtag in Kraft tritt, entsteht zwangsweise in der betroffenen Planungsabteilung ein Engpaß. Durch das interaktive Verfahren kann die Reaktionszeit auf eine derartige Veränderung deutlich verkürzt werden.

Weitere Vorteile entstehen durch die Systematisierung der Eingabedaten und des Verfahrens. Dadurch erhöht sich zum einen die Zuverlässigkeit, da der Ausfall eines Planungsspezialisten bei vorhandenen Datensätzen bei weitem nicht die Folgen hat, als bei rein manuellen Leistungsabstimmungen. Zumindest innerhalb der in den Datensätzen festgelegten Freiräume kann auch ein eingearbeiteter Mitarbeiter, der das System nicht "in und auswendig" kennt, eine Leistungsabstimmung durchführen.

Durch das systematisierte Vorgehen und die festliegenden Eingabedaten können auch Konflikte mit den Betroffenen und mit dem Betriebsrat vermieden werden, da

- Rechenfehler so gut wie ausgeschlossen und
- die Ergebnisse transparent sind.

Erwähnenswert ist auch, daß das System in ein durchgängiges betriebliches Methoden- und Datenbankkonzept integriert werden kann. Dadurch verringert sich einerseits der Vorbereitungsaufwand, und die Zuverlässigkeit der eingesetzten Daten wird verbessert.

Darüber hinaus kann das Verfahren zur Schwachstellenanalyse bei einer betrieblichen Rationalisierung bzw. bei einer Montagesystemplanung eingesetzt werden. Bei letzterer wird normalerweise unterstellt, daß kein signifikanter Zusammenhang zwischen der Gestaltung der Arbeitssysteme und z.B. der Höhe der Taktausgleichszeiten besteht. Da ein derartiger Zusammenhang jedoch nachweisbar ist (vgl. Bild 7), sollte er in Zukunft berücksichtigt werden. Dies gilt umso mehr, je stärker sich das geplante Arbeitssystem vom Ist-Zustand unterscheidet. Durch den reduzierten Aufwand beim Einsatz des interaktiven Verfahrens wird es denkbar, bereits für geplante Arbeitssysteme Leistungsabstimmungen durchzuführen, um so eine umfassendere Beurteilung der Systeme ebenso wie Gestaltungshinweise zu erhalten.

Neben den genannten Aspekten, die positiv zu beurteilen sind, gibt es jedoch Risiken, die ebenfalls beachtet werden müssen. Als erstes sei hier die Abhängigkeit vom Rechner und damit indirekt auch von

- der Verfügbarkeit der Zentraleinheit,
- der Verfügbarkeit von Daten,
- der - meist betriebseigenen - Rechnersystemgruppe,
- den peripheren Geräte und
- der Stromversorgung

genannt. Zuletzt sei die Akzeptanz des Verfahrens durch die Benutzer erwähnt. Zwar gibt es zur Zeit eine eher positive Einschätzung durch die Betroffenen, da ein Bildschirmgerät am Arbeitsplatz auch ein gewisses Statussymbol darstellt, jedoch kann eine sinnvolle Systemeinführung nur im Einverständnis mit den Betroffenen erfolgen und setzt darüber hinaus eine geeignete Schulung voraus.

7 FOLGERUNGEN UND AUSBLICK

Die Herausforderung bei der Entwicklung von Leistungsabstimmungsverfahren liegt gegenwärtig nicht im Finden noch besserer oder noch schnellerer Verfahren, sondern es sind im Gegenteil Faktoren wie

- praxisgerechte Modellbildung,
- einfache Handhabbarkeit,
- Einbeziehung des erweiterten Handlungsspielraums der Planer,
- variable Arbeitsteilung zwischen Planer und Rechner

relevant. Die Praxiserfahrungen zeigen, daß die Flexibilität, die der Planer bei manuellen Verfahren hat, weitaus größer ist, als die Spielräume, die etwaige bessere Verfahren innerhalb der definierten Eingabedaten nutzen könnten. Daher wurde aufbauend auf das POLEM-Verfahren ein interaktives Verfahren entwickelt, das durch eine aufgabenangepaßte Arbeitsteilung zwischen Mensch und Rechnerprogramm gekennzeichnet ist.

Für die Mehrzahl der Montagesysteme ist das Verfahren geeignet, aber es sind für die Zukunft folgende Erweiterungen wünschenswert:

- Erweiterung auf die Modell-Mix-Montage,
- explizites Definieren von Mehrmannstationen.

8 ZUSAMMENFASSUNG

Im Rahmen dieser Arbeit wurde ein Verfahren zur Leistungsabstimmung von Montagesystemen konzipiert, entwickelt, getestet und in der Praxis eingesetzt. Zunächst wurden die aus zahlreichen Literaturstellen bekannten Verfahren zusammengestellt.

Aus Praxiserfahrungen mit dem Einsatz eines rechnerunterstützten Batch-Programms wurden Anforderungen an geeignete Verfahren abgeleitet. Dazu gehörten Analysen von Einflußfaktoren, von typischen Einsatzfällen, von den erwarteten Ergebnisdarstellungen ebenso wie das Überprüfen der Zielfunktion. Die Ergebnisse dieser Untersuchungen wurden zu einem Anforderungskatalog zusammengestellt. Für diese Kriterien wurden Maßnahmen zu deren Erfüllung erarbeitet und zu einem erfolgversprechenden Systemkonzept zusammengefügt.

Das Ergebnis ist ein interaktives Programmsystem zur Leistungsabstimmung von Montagesystemen. Das Verfahren zeichnet sich durch eine angepaßte Arbeitsteilung zwischen Mensch und Rechner aus. Außerdem wurde es für den Einsatz in der betrieblichen Praxis optimiert, unter anderem indem die Eingabeinformation in jedem Programmschritt auf ein Minimum reduziert wurde, bei gleichzeitigem Erhalt von allen Freiheitsgraden, die die manuelle Leistungsabstimmung bietet. Es ist in gleicher Weise für erneute Einplanung und für punktuell begrenzte Änderungen bestehender Ergebnisse, für den Einmodellfall, für den losweisen Mehrmodell- und - allerdings nur bedingt - für den gemischten Mehrmodellfall geeignet.

Das Verfahren wurde auf verschiedenen Rechenanlagen für zahlreiche Anwendungsfälle getestet und in mehreren Unternehmen eingeführt.

9 SCHRIFTTUM

/1/ Kilbridge, M.D.; Wester, L.: A Heuristic Method of Assembly Line Balancing. The Jornal of Industrial Engineering, 12 (1961) Nr. 4, S. 292 - 298

/2/ Taylor, F.W.: Scientific Management. New York: Harper 1911

/3/ o.V.: The Quality of Working Life. Hrsg.: Louis E. Davis, Albert B. Cherns and Associates. Volume one: Problems, Prospects and the State of the Art. New York: The Free Press, 1975

/4/ o.V.: The Quality of Working Life. Hrsg.: Louis E. Davis, Albert B. Cherns and Associates. Volume two: Cases and Commentary New York: The Free Press, 1975

/5/ Bullinger, H.-J.; Schad, G.: Working Conditions. in: Autofact Europe Conference Proceedings Dearborn: Society of Manufacturing Engineers, 1983

/6/ o.V.: Fließarbeit - Beiträge zu ihrer Einführung. Hrsg.: Frank Mäckbach und Otto Kienzle. Berlin: VDI-Verlag, 1926

/7/ Tonge, F.M.: Summary of a Heuristic Line Balancing Procedure. Management Science 7 (1960) Nr. 1, S. 21 - 39

/8/ Dittmayer, S.: Arbeits- und Kapazitätsteilung in der Montage.
Dissertation Universität Stuttgart
Berlin, Heidelberg, New York: Springer-Verlag 1981, (Forschung und Praxis; Band 55)

/9/ Lutz, L.: Abtakten von Montagelinien.
Dissertation Universität Stuttgart
Mainz: Krausskopf-Verlag 1974, (Produktionstechnik heute; Band 8)

/10/ Lentes, H.-P.; Görke, M.: Leistungsabstimmung von Montagelinien.
Teil 2: POLEM - ein Programmsystem zur Leistungsabstimmung.
AV 13 (1976) Nr. 4, S. 106 - 113

/11/ Lorenz, J.D.: The ALPACA Line Balancing System.
Comput. & Indus. Engng. 6 (1982) Nr. 2, S. 115 - 123

/12/ Lentes, H.-P.; Görke, M.: Leistungsabstimmung von Montagelinien.
Teil 1: Grundlagen der Leistungsabstimmung mit mathematischen Verfahren.
AV 13 (1976) Nr. 3, S. 71 - 77

/13/ Hahn, R.; Lutz, L.; Roschmann, K.: Die Bandabgleichung - ein Problem bei Fließfertigung.
IO 37 (1968) Nr. 2, S. 85 - 101

/14/ Bullinger, H.-J.; Schad, G.; Lentes, H.-P.: INTAKT - Interactive Assembly Line Balancing. Toward the Factory of the Future Proceedings of the 8th International Conference on Production Research Berlin, Heidelberg, New York, Tokio: Springer-Verlag, 1985

/15/ Schad, G.: Interaktive Leistungsabstimmung. FhG-Berichte (1983) Nr. 3/4, S. 17 - 20

/16/ Ignall, E.J.: A Review of Assembly Line Balancing. The Journal of Industrial Engineering 16 (1965) Nr. 4, S. 244 - 254

/17/ Arcus, A.L.: COMSOAL a Computer Method of Sequencing Operations for Assembly Lines. Int. J. Prod. Res. 4 (1966) Nr. 4, S. 259 - 277

/18/ Held, M.; Karp, R.M.; Shareshian, R.: Assembly-Line Balancing - Dynamic Programming with Precedence Constraints. Operations Research 11 (1963) Nr. 3, S. 442 - 459

/19/ Helgeson, W.B.; Birnie, D.P.: Assembly Line Balancing Using the Ranked Positional Weight Technique. The Journal of Industrial Engineering 12 (1961) Nr. 6, S. 394 - 398

/20/ Hoffmann, T.: Assembly Line Balancing with a Precedence Matrix. Management Science 9 (1963) Nr. 4, S. 551 - 562

/21/ Jackson, J.R.: A Computing Procedure for a Line Balancing Problem. Management Science 2 (1956) Nr. 3, S. 261 - 271

/22/ Mansoor, E.M.: Assembly Line Balancing - An Improvement on the Ranked Positional Weight Technique. The Journal of Industrial Engineering 15 (1964) Nr. 2, S. 73 - 77

/23/ Moodie, C.L.; Young, H.H.: A Heuristic Method of Assembly Line Balancing for Assumptions of Constant or Variable Work Element Times. The Journal of Industrial Engineering 16 (1965) Nr. 1, S. 23 - 29

/24/ Tonge, F.M: Summary of a Heuristic Line Balancing Procedure. Management Science 7 (1960) Nr. 1, S. 21 - 39

/25/ Bussmann, K.F. u.a.: Ein Vergleich von Fließbandabstimmungsverfahren. In: Operations Research und Datenverarbeitung bei der Produktionsplanung. Hrsg.: K.F. Bussmann und P. Mertens. Stuttgart: Poeschel, 1968, S. 313 - 356

/26/ Gutjahr, A.L.; Nemhauser, G.L.: An Algorithm for the Line Balancing Problem. Management Science 11 (1964) Nr. 2, S. 308 - 315

/27/ Mastor, A.A.: An Experimental Investigation and Comparative Evaluation of Production Line Balancing Techniques. Management Science 16 (1970) Nr. 11, S. 728 - 746

/28/ Hahn, R.: Produktionsplanung bei Linienfertigung. Dissertation Universität Stuttgart Berlin: de Gruyter 1972 (Operations Research)

/29/ Tonge, F.M.: Assembly Line Balancing Using Probabilistic Combinations of Heuristics. Mangagement Science 11 (1965) Nr. 7, S. 727 - 735

/30/ Gehrlein, W.V.; Patterson, J.H.: Sequencing for Assembly Lines with Integer Task Times. Management Science 21 (1975) Nr. 9, S. 1064 - 1070

/31/ Kälberer, G.: Praktischer Wert heuristischer Auswahlregeln zur Fließbandabstimmung. Zeitschrift für Operations Research 20 (1976) S. B 195-B 205

/32/ Klenke, H.: Ablaufplanung bei Fließfertigung. in: Schriftenreihe des Seminars für Allgemeine Bestriebswirtschaftslehre der Universität Hamburg. Wiesbaden: Dr. Th. Gabler, 1977

/33/ Nawara, G.M.; Elezaby, H.A.: A Heuristic Procedure for Assembly Line Balancing with Industrial Applications. In: SME Technical Paper 79 - 179

/34/ Johnson, R.V.: Assembly Line Balancing Algorithms: Computation Comparisons Int. J. Prod. Res. 19 (1981) Nr. 3, S. 277 - 287

/35/ Charlton, J.M.; Death, C.C.: A General Method for Machine Scheduling. Int. J. Prod. Res. 7 (1969) S. 207 - 213

/36/ Lentes, H.-P.; Auwärter, A.: EDV-unterstützte Leistungsabstimmung von Montagelinien. wt - Z. ind. Fertig. 67 (1977) Nr. 1, S. 43 - 48

/37/ Kovach, J.: CALB - Systematic Assembly Management. Assembly Engineering 12 (1969) Nr. 9, S. 20 - 25

/38/ Bonney, M.C.; Schoffield, N.A.: NULISP - A Computer Aided Design System Work Study and Management Services 17 (1973) Nr. 9, S. 626 - 633

/39/ Takeda, K.: A Practical Computer Program for Design of Assembly Systems. CAM-1 - First International Conference on Computer Aided Manufacturing

/40/ Lentes, H.-P.; Görke, M.: Leistungsabstimmung von Montagelinien.
Teil 3: Anwendung des Programmsystems POLEM in der Praxis.
AV 13 (1976) Nr. 5, S. 147 - 153

/41/ Moodie, C.L.: Customized Assembly Line Balancing. The Journal of Industrial Engineering 24 (1973) Nr. 8, S. 10 - 13

/42/ Whitehouse, G.E.; Washburn, D.: Solve Simple Assembly Line Balancing Problems. IE (1980) Nr. 9, S. 22 - 25

/43/ Hartulari, C.; Popescu, A.: A Cybernetic Mode for Solving the Assembly Line Balancing Problem. Econ. Comp. & Econ. Cyb. Stud. & Res. (Romania) 18 (1983) Nr. 1, S. 43 - 54

/44/ Steffen, R.: Produktionsplanung bei Fließbandfertigung. Habilitationsschrift Univ. Bochum Wiesbaden: Verlag Dr. Gabler 1977

/45/ Görke, M.: Rechnerunterstütztes Verfahren zur Leistungsabstimmung von Mehrmodellmontagelinien. Dissertation Universität Stuttgart Mainz: Krausskopf 1978

/46/ Warnecke, H.J,: Anwendung mathematischer Methoden bei der Leistungsabstimmung von Montagelinien. CIRP-Tagung 1971, Warschau CIRP Annals 20 (1971) Nr. 1, S. 99 - 100

/47/ Haller, E.: Rechnerunterstützte Gestaltung ortsgebundener Montagearbeitsplätze dargestellt am Beispiel kleinvolumiger Produkte. Dissertation Universität Stuttgart Berlin, Heidelberg, New York: Springer-Verlag 1982, (Forschung und Praxis; Band 86)

/48/ Lay, K.: MINIPLAN - Kleinrechnerunterstützte Entwicklungsplanung Forschungsbericht DV 80-004 Datenverarbeitung des Bundesministeriums für Forschung und Technologie

Hinweise auf unveröffentlichte Arbeiten:

Bryton, B.: Balancing of a Continuous Production Line. Unveröffentlichte M.S.-Thesis, Northwestern University 1954

Schad, G.: Analysis of Balancing and Sequencing Algorithms for Assembly Lines. Unveröffentlichte M.S.-Thesis, University of Florida 1981

Schad, G.: Interaktive Leistungsabstimmung. Forschungsbericht der DFG 1984

Haider, S.W.: An Investigation of the Use of an Interactive Computer Mode for Balancing Paced Assembly Lines. Master Thesis, Purdue University 1972

IPA Forschung und Praxis

Schriftenreihe aus dem Institut für Produktionstechnik und Automatisierung, Stuttgart

Herausgeber: Prof. Dr.-Ing. H. J. Warnecke

Datenerfassung im Produktionsbereich
Von E. Bendeich. ISBN 3-7830-0117-8.
1977, 176 Seiten, kartoniert. 54,— DM

Methodenauswahl für die Materialbewirtschaftung in Maschinenbau-Betrieben
Von H. Graf. ISBN 3-7830-0136-6.
1977, 144 Seiten, kartoniert. 54,— DM

Systematische Auswahl von Förderhilfsmitteln für den innerbetrieblichen Materialfluß
Von W. Rau. ISBN 3-7830-0139-0.
1977, 103 Seiten, kartoniert. 40,— DM

Grundlagen zur Planung von Ersatzteilfertigungen
Von E. Schulz. ISBN 3-7830-0138-2.
1977, 98 Seiten, kartoniert. 40,— DM

Rechnerunterstützte Fabrikplanung
Von B. Minten. ISBN 3-7830-0116-1.
1977, 124 Seiten, kartoniert. 38,— DM

Eine Planungsmethode für automatische Montagesysteme
Von H.-G. Lohr. ISBN 3-7830-0120-X.
1977, 108 Seiten, kartoniert. 32,— DM

Planung und Bewertung von Arbeitssystemen in der Montage
Von H. Metzger. ISBN 3-7830-0131-5.
1977, 108 Seiten, kartoniert. 40,— DM

Klassifizierungssystem für Prüfmittel der industriellen Längenprüftechnik
Von R. Czetto. ISBN 3-7830-0144-7.
1978, 181 Seiten, kartoniert. 64,— DM

Rechnerunterstützte Montageplanung
Von O. Hirschbach. ISBN 3-7830-0149-8
1978, 146 Seiten, kartoniert. 52,— DM

Rechnerunterstützte Entwicklung von Simulationsmodellen für Unternehmensplanspiele
Von A. Moker. ISBN 3-7830-0147-1.
1978, 181 Seiten, kartoniert. 64,— DM

Arbeitsplatzanalysen zur Ermittlung der Einsatzmöglichkeiten und Anforderungen an Industrieroboter
Von G. Herrmann. ISBN 37830-0151-X.
1978, 113 Seiten, kartoniert. 40,— DM

MFSP — Ein Verfahren zur Simulation komplexer Materialflußsysteme
Von G. Stemmer. ISBN 3-7830-0118-8.
1977, 140 Seiten, kartoniert. 60,— DM

Berührungslose Erkennung durch Positionsbestimmung von Objekten durch inkohärent-optische Korrelation
Von M. Konig. ISBN 3-7830-0137-4.
1977, 110 Seiten, kartoniert. 40,— DM

Auslegung von Störungspuffern in kapitalintensiven Fertigungslinien
Von R. v. Stetten. ISBN 3-7830-0140-4.
1977, 154 Seiten, kartoniert. 56,— DM

Flexible Transportablaufsteuerung
Von G. Römer. ISBN 3-7830-0114-5.
1977, 188 Seiten, kartoniert. 60,— DM

Rechnergestützte Realplanung von Fabrikanlagen
Von T.-K. Sauter. ISBN 3-7830-0119-6.
1977, 108 Seiten, kartoniert. 32,— DM

Systematisches Auswählen und Konzipieren von programmierbaren Handhabungsgeräten
Von R. D. Schraft. ISBN 3-7830-0115-3.
1977, 108 Seiten, kartoniert. 32,— DM

Auslandsproduktion
Von W. Cypris. ISBN 3-7830-0145-5.
1978, 126 Seiten, kartoniert. 42,— DM

Wirtschaftlicher Einsatz von Mehrkoordinatenmeßgeräten
Von M. Dietzsch. ISBN 3-7830-0148-X.
1978, 142 Seiten, kartoniert. 52,— DM

Fertigungssteuerung bei flexiblen Arbeitsstrukturen
Von K.-G. Lederer. ISBN 3-7830-0146-3.
1978, 128 Seiten, kartoniert. 42,— DM

Untersuchungen zum Polieren und Entgraten durch elektrochemisches Oberflächenabtragen
Von K. Zerweck. ISBN 3-7830-0150-1.
1978, 110 Seiten, kartoniert. 40,— DM

Stufenweise Ableitung eines praktischen Planungssystems für den Entwicklungsbereich
Von R. Hichert. ISBN 3-7830-0149-8.
1978, 151 Seiten, kartoniert. 52,— DM

Produktionsplanung mit Auftragsfamilien
Von U. W. Geitner. ISBN 3-7830-0161.7.
1979, 110 Seiten, kartoniert. 45,— DM

Thermisch-chemisches Entgraten
Von T. Wagner. ISBN 3-7830-0164-1.
1979, 111 Seiten, kartoniert. 45,-- DM

Untersuchung der Materialflußkosten bei ausgewählten Systemen der Zentralen Arbeitsverteilung
Von R. Wenzel. ISBN 3-7830-0162-5.
1979, 168 Seiten, kartoniert. 86,— DM

Anpassung und Einführung eines Planungssystems für die Ablaufplanung im Konstruktionsbereich
Von W. Dangelmaier. ISBN 3-7830-0163-3.
1979, 168 Seiten, kartoniert. 80,— DM

Längenmessungen an bewegten Teilen mit berührungslos wirkenden Aufnehmern
Von H. Lang. ISBN 3-7830-0157-9
1979, 89 Seiten, kartoniert 42,— DM

Untersuchung multistabiler Strömungselemente und ihr Einsatz in sequentiellen Steuerungen
Von A. Ernst. ISBN 3-7830-0157-9.
1979, 122 Seiten, kartoniert. 48,— DM

Taktile Sensoren für programmierbare Handhabungsgeräte
Von M. Schweizer. ISBN 3-7830-0158-7
1979, 91 Seiten, kartoniert. 42,— DM

Die rechnerunterstützte Prüfplanung
Von P. Blasing. ISBN 3-7830-0152-8.
1979, 100 Seiten, kartoniert. 44,— DM

Verfahren zur Fabrikplanung im Mensch-Rechner-Dialog am Bildschirm
Von W. Ernst. ISBN 3-7830-0156-0.
1979, 218 Seiten, kartoniert. 72,— DM

Rechnerunterstütztes Verfahren zur Leistungsabstimmung von Mehrmodell-Montagesystemen
Von M. Gorke. ISBN 3-7830-0155-2.
1979, 139 Seiten, kartoniert 50,— DM

Standortbezogene Betriebsmittel
Von G. Pflieger. ISBN 3-7830-0167-6.
1979, 127 Seiten, kartoniert. 52,— DM

Die betriebswirtschaftliche Beurteilung neuer Arbeitsformen
Von B.-H. Zippe. ISBN 3-7830-0168-4
1979, 350 Seiten, kartoniert. 98,— DM

Untersuchung des Arbeitsverhaltens programmierbarer Handhabungsgeräte
Von B. Brodbeck. ISBN 3-7830-0169-2.
1979, 117 Seiten, kartoniert. 48,— DM

Untersuchung eines kohärent-optischen Verfahrens zur Rauheitsmessung
Von N. Rau. ISBN 3-7830-0174-9
1979, 117 Seiten, kartoniert. 48,— DM

Entwicklung einer programmierbaren, pneumatischen Steuerung
Von D. Klemenz. ISBN 3-7830-0171-4.
1979, 93 Seiten, kartoniert. 42,— DM

IPA Forschung und Praxis

Berichte aus dem Fraunhofer-Institut für Produktionstechnik und Automatisierung, Stuttgart, und dem Institut für Industrielle Fertigung und Fabrikbetrieb der Universität Stuttgart

Herausgeber: Prof. Dr.-Ing. H. J. Warnecke

---

38 **Arbeitsgangterminierung mit variabel strukturierten Arbeitsplänen — Ein Beitrag zur Fertigungssteuerung flexibler Fertigungssysteme**
Von U. Maier. ISBN 3-540-10213-2.
1980, 111 Seiten mit 45 Abbildungen. 43.-- DM

39 **Kapazitätsabgleich bei flexiblen Fertigungssystemen**
Von P. S. Nieß. ISBN 3-540-10372-4
1980, 151 Seiten mit 57 Abbildungen 48.- DM

40 **Schichtdickenverteilung auf galvanisierten Paßteilen am Beispiel kleiner abgesetzter Wellen und Bohrungen**
Von D. Wolfhard. ISBN 3-540-10373-2
1980, 177 Seiten mit 83 Abbildungen 48.- DM

41 **Planung von Mehrstellenarbeit unter Berücksichtigung von Umfeldaufgaben**
Von S. Haußermann. ISBN 3-540-10374-0
1980, 136 Seiten mit 59 Abbildungen 48.-- DM

42 **Untersuchungen zur Schmierfilmdicke in Druckluftzylindern — Beurteilung der Abstreifwirkung und des Reibungsverhaltens von Pneumatikdichtungen mit Hilfe eines neu entwickelten Schmierfilmdicken-meßverfahrens**
Von R. Kohnlechner. ISBN 3-540-10375-9
1980, 100 Seiten mit 38 Abbildungen und 4 Tabellen 43.— DM

43 **Typologie zum überbetrieblichen Vergleich von Fertigungssteuerungsverfahren im Maschinenbau**
Von G. Rabus. ISBN 3-540-10376-7.
1980, 174 Seiten mit 88 Abbildungen und 21 Tafeln 48.— DM

44 **System zur Planung des Umlaufbestandes in Betrieben mit Serienfertigung**
Von K.-G. Wilhelm. ISBN 3-540-10377-5.
1980, 142 Seiten mit 67 Abbildungen und 15 Tafeln 48.— DM

45 **Rechnerunterstützte Arbeitsplanerstellung mit Kleinrechnern, dargestellt am Beispiel der Blechbearbeitung**
Von W. Hoheisel. ISBN 3-540-10505-0
1981, 169 Seiten mit 74 Abbildungen. 48.— DM

46 **Beitrag zur Verbesserung der Wirtschaftlichkeit EDV-unterstützter Fertigungssteuerungssysteme durch Schwachstellenanalyse**
Von J. Lienert. ISBN 3-540-10506-9.
1981, 148 Seiten mit 37 Abbildungen. 48.— DM

47 **Die Abscheidung von Öl an Entlüftungsöffnungen drucklufttechnischer Anlagen**
Von W.-D. Kiessling. ISBN 3-540-10604-9.
1981, 117 Seiten mit 48 Abbildungen und 3 Tabellen. 43.— DM

48 **Dynamische Optimierung technisch-ökonomischer Systeme**
Von J. Warschat. ISBN 3-540-10717-7.
1981, 132 Seiten mit 60 Abbildungen. 43.— DM

49 **Bildsensor zur Mustererkennung und Positionsmessung bei programmierbaren Handhabungsgeräten**
Von H. Geißelmann. ISBN 3-540-10735-5.
1981, 125 Seiten mit 52 Abbildungen. 43.— DM

50 **Verfügbarkeitsberechnung für komplexe Fertigungseinrichtungen**
Von Ekkehard Gericke. ISBN 3-540-10779-7.
1981, 132 Seiten mit 71 Abbildungen. 43.— DM

51 **Materialflußgestaltung in Fertigungssystemen**
Von Willi Rößner. ISBN 3-540-10888-2.
1981, 149 Seiten mit 76 Abbildungen. 48,— DM

52 **Beitrag zur Analyse der Auswirkungen der Mikroelektronik, dargestellt am Beispiel der Büromaschinen-Industrie**
Von Werner Neubauer. ISBN 3-540-10991-9.
1981, 145 Seiten mit 27 Abbildungen und 47 Tabellen. 43,— DM

53 **Modelle von Informationssystemen zur kurzfristigen Fertigungssteuerung und ihre Gestaltung nach betriebsspezifischen Gesichtspunkten**
Von Roland Gentner. ISBN 3-540-10992-7.
1981, 181 Seiten mit 69 Abbildungen und 7 Tabellen. 48,— DM

54 **Entwicklung von Verfahren zur Terminplanung und -steuerung bei flexiblen Montagesystemen**
Von Jürgen H. Kölle. ISBN 3-540-11227-8.
1981, 132 Seiten mit 64 Abbildungen und 1 Faltplan. 43,— DM

55 **Arbeits- und Kapazitätsteilung in der Montage**
Von Stefan Dittmayer. ISBN 3-540-11228-6.
1981, 124 Seiten und 56 Abbildungen. 43,— DM

56 **Beitrag zur systematischen Planung der Qualitätsprüfung bei Klein- und Mittelserienfertigung**
Von Herbert Babic. ISBN 3-540-11325-8
1982, 108 Seiten mit 38 Abbildungen und 7 Tabellen. 53.— DM

57 **Methode zur rechnerunterstützten Einsatzplanung von programmierbaren Handhabungsgeräten**
Von Uwe Schmidt-Streier. ISBN 3-540-11355-X.
1982, 188 Seiten mit 72 Abbildungen. 53.– DM

58 **Werkstoff- und Energiekennwerte industrieller Lackieranlagen, am Beispiel der Automobilindustrie**
Von Rainer Manfred Thiel. ISBN 3-540-11356-8.
1982, 116 Seiten mit 59 Abbildungen. 53.– DM

59 **Maßnahmen zum Verbessern der pneumatischen Lackzerstäubung – Teilchengrößenbestimmung im Spritzstrahl –**
Von Klaus Werner Thomer. ISBN 3-540-11507-2.
1982, 162 Seiten mit 94 Abbildungen und 1 Tabelle. 53.– DM

60 **Ermittlung und Bewertung von Rationalisierungsmaßnahmen im Produktionsbereich**
Von Jürgen Schilde. ISBN 3-540-11730-X.
1982, 158 Seiten mit 57 Abbildungen. 53.– DM

61 **Untersuchung von Verfahren der Reihenfolgeplanung und ihre Anwendung bei Fertigungszellen**
Von Mohamed Osman. ISBN 3-540-11747-4.
1982, 124 Seiten mit 32 Abbildungen und 3 Tabellen. 53.– DM

62 **Ein Simulationsmodell zur Planung gruppentechnologischer Fertigungszellen**
Von Volker Saak. ISBN 3-540-11747-4.
1982, 134 Seiten mit 53 Abbildungen. 53.– DM

63 **Verfahren zur technischen Investitionsplanung automatisierter Fertigungsanlagen**
Von Günter Vettin. ISBN 3-540-11747-4.
1982, 134 Seiten mit 63 Abbildungen. 53.– DM

64 **Pneumatische Sensoren zur prozeßsimultanen Messung des Werkzeugverschleißes und zur Kollisionsvermeidung beim Messerkopffräsen**
Von Wolfgang Jentner. ISBN 3-540-11747-4.
1982, 126 Seiten mit 47 Abbildungen und 6 Tabellen. 53.– DM

65 **Rechnerunterstützte Gestaltung ortsgebundener Montagearbeitsplätze, dargestellt am Beispiel kleinvolumiger Produkte**
Von Eberhard Haller. ISBN 3-540-12015-7.
1982, 130 Seiten mit 43 Abbildungen. 53.– DM

66 **Fernsehüberwachung von Schutzgasschweißvorgängen mit abschmelzender Elektrode MIG – MAG**
Von Ruprecht Niepold. ISBN 3-540-12181-7.
1983, 178 Seiten mit 73 Abbildungen und 5 Tabellen. 58.– DM

67 **Entwicklung flexibler Ordnungssysteme für die Automatisierung der Werkstückhandhabung in der Klein- und Mittelserienfertigung**
Von Karl Weiss. ISBN 3-540-12455-1.
1983. 116 Seiten mit 68 Abbildungen. 58.– DM

68 **Automatisierte Überwachungsverfahren für Fertigungseinrichtungen mit speicherprogrammierten Steuerungen**
Von Werner Eißler. ISBN 3-540-12456-X.
1983, 128 Seiten mit 66 Abbildungen. 58.– DM

69 **Prozeßüberwachung beim Galvanoformen**
Von Jürgen Wilhelm Böcker. ISBN 3-540-12457-8.
1983, 118 Seiten mit 32 Abbildungen. 58.– DM

70 **LAPEX – Ein rechnerunterstütztes Verfahren zur Betriebsmittelzuordnung**
Von Stephan Mayer. ISBN 3-540-12490-X.
1983, 162 Seiten mit 34 Abbildungen und 2 Tabellen. 58.– DM

71 **Gestaltung eines integrierten Produktionssystems für die Sortenfertigung unter Einsatz der Clusteranalyse**
Von Gerald Weber. ISBN 3-540-12650-3.
1983, 194 Seiten mit 54 Abbildungen. 58.– DM

72 **Gußputzen mit sensorgeführten, programmierbaren Handhabungsgeräten**
Von Eberhard Abele. ISBN 3-540-12651-1.
1983, 133 Seiten mit 66 Abbildungen. 58,– DM

73 **Untersuchungen zur Herstellung und zum Einsatz galvanogeformter Erodierelektroden**
Von Harald Müller. ISBN 3-540-12822-0.
1983, 148 Seiten mit 78 Abbildungen. 58,– DM

74 **Ein Beitrag zur Optimierung der Prozeßführungsstrategien automatisierter Förder- und Materialflußsysteme**
Von Hans Steffens. ISBN 3-540-12968-5.
1983. 161 Seiten mit 60 Abbildungen. 58,– DM

75 **Entwicklung eines Verfahrens zur wertmäßigen Bestimmung der Produktivität und Wirtschaftlichkeit von Personalentwicklungsmaßnahmen in Arbeitsstrukturen**
Von Christian Müller. ISBN 3-540-13041-1.
1983. 129 Seiten mit 34 Abbildungen. 58,– DM

76 **Berechnung der Gestaltänderung von Profilen infolge Strahlverschleiß**
Von Wolfgang Marx. ISBN 3-540-13054-3.
1983. 121 Seiten mit 58 Abbildungen. 58,– DM

77 **Algorithmen zur flexiblen Gestaltung der kurzfristigen Fertigungssteuerung**
Von Rudolf E. Scheiber. ISBN 3-540-13500-6.
1984, 150 Seiten mit 73 Abbildungen und 1 Tabelle. 63.– DM

78 **Galvanisieren mit moduliertem Strom**
Von Jürgen Wolfgang Mann. ISBN 3-540-13733-5.
1984, 145 Seiten und 58 Abbildungen. 63,– DM

79 **Fluoreszenzmeßverfahren zur Schmierfilmdickenmessung in Wälzlagern**
Von Wolfgang Schmutz. ISBN 3-540-13777-7.
1984, 141 Seiten und 66 Abbildungen. 63,– DM

IPA-IAO Forschung und Praxis

Berichte aus dem Fraunhofer-Institut für Produktionstechnik und Automatisierung (IPA), Stuttgart, Fraunhofer-Institut für Arbeitswirtschaft und Organisation (IAO), Stuttgart, und Institut für Industrielle Fertigung und Fabrikbetrieb der Universität Stuttgart

Herausgeber: Prof. Dr.-Ing. H. J. Warnecke und Prof. Dr.-Ing. H.-J. Bullinger

---

80 **Flexibilität und Kapazität von Werkstückspeichersystemen**
Von Bernhard Graf. ISBN 3-540-13970-2.
1984, 115 Seiten mit 71 Abbildungen. 63,– DM

T1 **Flexible Fertigungssysteme**
17. IPA-Arbeitstagung zusammen mit der 3. Internationalen Konferenz „Flexible Manufacturing Systems (FMS-3)", ISBN 3-540-13807-2.
1984, 249 Seiten mit zahlreichen Abbildungen. 118,– DM

T2 **Integrierte Bürosysteme**
3. IAO-Arbeitstagung. ISBN 3-540-13978-8.
1984, 633 Seiten mit zahlreichen Abbildungen. 168,– DM

81 **Rechnerunterstützte Planung von Montageablaufstrukturen für Erzeugnisse der Serienfertigung**
Von Ernst-Dieter Ammer. ISBN 3-540-15056-0.
1985, 120 Seiten mit 1 Faltblatt und 33 Abbildungen. 63,– DM

82 **Flexibilität von personalintensiven Montagesystemen bei Serienfertigung**
Von Heinrich Vähning. ISBN 3-540-15093-5.
1985, 152 Seiten mit 49 Abbildungen. 63,– DM

83 **Ordnen von Werkstücken mit programmierbaren Handhabungsgeräten und Werkstückerkennungssensoren**
Von Ingo Schmidt. ISBN 3-540-15375-6.
1985, 111 Seiten mit 66 Abbildungen. 63,– DM

84 **Systematische Investitionsplanung**
Von Jorge Moser. ISBN 3-540-15370-5.
1985, 190 Seiten mit 69 Abbildungen. 63.– DM

T3 **Montage · Handhabung · Industrieroboter**
Internationaler MHI-Kongreß im Rahmen der Hannover-Messe '85. ISBN 3-540-15500-7.
1985, 267 Seiten mit zahlreichen Abbildungen. 128,– DM

85 **Flexible Montagesysteme – Konzeption und Feinplanung durch Kombination von Elementen**
Von Peter Konold / Bernd Weller. ISBN 3-540-15606-2.
1985, 162 Seiten mit 71 Abbildungen und 9 Tabellen. 63,– DM

T4 **Menschen · Arbeit · Neue Technologien**
4. IAO-Arbeitstagung zusammen mit der 2. Internationalen Konferenz „Human Factors in Manufacturing". ISBN 3-540-15763-8.
1985, 442 Seiten mit zahlreichen Abbildungen. 168,– DM

86 **Leitstandunterstützte kurzfristige Fertigungssteuerung bei Einzel- und Kleinserienfertigung**
Von Lothar Aldinger. ISBN 3-540-15903-7.
1985, 151 Seiten mit 49 Abbildungen und 2 Tabellen. 63,– DM

87 **Bestimmen des Bürstenverhaltens anhand einer Einzelborste**
Von Klaus Przyklenk. ISBN 3-540-15956-8.
1985, 117 Seiten mit 74 Abbildungen. 63,– DM

88 **Montage großvolumiger Produkte mit Industrierobotern**
Von Jörg Walther. ISBN 3-540-16027-2.
1985, 125 Seiten mit 58 Abbildungen. 63,– DM

89 **Algorithmen und Verfahren zur Erstellung innerbetrieblicher Anordnungspläne**
Von Wilhelm Dangelmaier. ISBN 3-540-16144-9.
1986, 268 Seiten mit 79 Abbildungen. 68,– DM

90 **Bewertung der Instandhaltung von Fertigungssystemen in der technischen Investitionsplanung**
Von Hagen U. Uetz. ISBN 3-540-16166-X.
1986, 129 Seiten mit 38 Abbildungen. 68,– DM

91 **Entgraten durch Hochdruckwasserstrahlen**
Von Manfred Schlatter. ISBN 3-540-16172-4.
1986, 167 Seiten mit 89 Abbildungen und 18 Tabellen. 68,– DM

92 **Werkstückorientierte Verfahrensauswahl zum Gußputzen mit Industrierobotern**
Von Wolfgang Sturz. ISBN 3-540-16224-0.
1986, 156 Seiten mit 59 Abbildungen. 68,– DM

93 **Verfahren zur Verringerung von Modell-Mix-Verlusten in Fließmontagen**
Von Reinhard Koether. ISBN 3-540-16499-5.
1986, 175 Seiten mit 46 Abbildungen und 1 Tabelle. 68,– DM

---

94 **Entwicklung und Einsatz eines interaktiven Verfahrens zur Leistungsabstimmung von Montagesystemen**
Von Günter Schad. ISBN 3-540-16978-4.
1986, 120 Seiten mit 31 Abbildungen und 1 Tabelle. 68,– DM